精准施肥实施技术

◎ 白由路 等 著

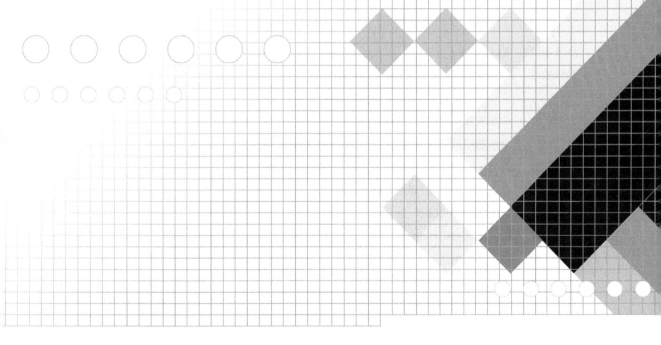

中国农业科学技术出版社

图书在版编目（CIP）数据

精准施肥实施技术／白由路著 . —北京：中国农业科学技术出版社，
2019. 12（2021.8重印）

ISBN 978-7-5116-3541-9

Ⅰ.①精… Ⅱ.①白… Ⅲ.①施肥-方法 Ⅳ.①S147.3

中国版本图书馆 CIP 数据核字（2019）第 275078 号

责任编辑	穆玉红
责任校对	李向荣

出 版 者	中国农业科学技术出版社
	北京市中关村南大街 12 号　邮编：100081
电　　话	（010）82106626（编辑室）　（010）82109702（发行部）
	（010）82109709（读者服务部）
传　　真	（010）82106650
网　　址	http://www.castp.cn
经 销 者	各地新华书店
印 刷 者	北京建宏印刷有限公司
开　　本	710mm×1 000mm　1/16
印　　张	13
字　　数	269 千字
版　　次	2019 年 12 月第 1 版　2021 年 8 月第 2 次印刷
定　　价	58.00 元

《精准施肥实施技术》

著作委员会

主　　　任：白由路

副　主　任：王　磊　卢艳丽　孙艳敏　刘　刚　岳艳军

参加编写人员：白由路　王　磊　卢艳丽　卞会涛　陈法永

　　　　　　　杨俐苹　刘　刚　孙艳敏　岳艳军　王玉红

　　　　　　　程明芳　岳玉玲　郭景丽

前　言

精准施肥技术是 20 世纪末形成的高效施肥技术之一，它以土壤空间变异为理论基础，以变量管理为核心技术，以信息技术为支撑技术，在全世界范围内影响广泛，进而应用到多个农业领域，形成了精准农业技术体系。然而，这项技术对信息技术的依赖程度之高，几乎完全脱离了农业的传统领域，使它在我国的发展受到了相当程度的限制。本书正是以信息技术在农业领域中的实际应用为基点，详细介绍了信息技术在精准施肥中应用的实际操作过程，旨在推广和应用精准施肥技术。

本书共分 8 章，第 1 章介绍了精准施肥的基本原理、发展历程等；第 2 章介绍了精准施肥的技术流程及主要技术环节；第 3 章介绍了精准施肥过程对案例区基础图件的获取方法，重点介绍了通过无人机进行信息采集的具体操作步骤；第 4 章介绍了精准施肥过程中的案例区基础图件的数字化过程；第 5 章介绍了精准施肥过程中高效土壤养分的测试技术；第 6 章介绍了精准施肥过程中土壤养分图等系列图件的制作方法，特别是介绍了适合我国分散营养条件下以地块为单元的精准施肥（Field specific management）图件制作技术；第 7 章介绍了精准施肥过程中肥料施用数量的决策技术与施用原则；第 8 章以一个案例村为例，展示了精准施肥过程中所需的各种图件。

本书的撰写过程中，汇集了国家科技支撑计划（2015BA23B02）课题的技术成果，得到了中国农业科学院农业资源与农业区划研究所的大力支持、得到了山东史丹利农业集团股份有限公司"蚯蚓测土"的大力协助；也得到了河南心连心化肥有限公司的合作支持，在此一并表示感谢！

由于作者水平有限，加之时间仓促，谬误之处恳请读者斧正！

作　者

2019. 10 于北京

目 录

第1章 概 述 ……………………………………………………… （1）

  1.1 精准施肥的起源及其理论基础 ………………………………… （1）

    1.1.1 精准施肥的由来 ……………………………………… （1）

    1.1.2 精准施肥的理论基础 ………………………………… （2）

  1.2 精准施肥的技术体系 …………………………………………… （3）

    1.2.1 基于3S技术的精准施肥技术体系 …………………… （3）

    1.2.2 基于传感器技术的精准施肥技术体系 ……………… （4）

  1.3 国际上精准施肥的研究动态与应用情况 ……………………… （5）

    1.3.1 精准施肥的研究 ……………………………………… （5）

    1.3.2 国际上精准施肥的应用情况 ………………………… （7）

  1.4 我国精准施肥的发展历程与研究现状 ………………………… （8）

    1.4.1 我国精准施肥研究的发展历程 ……………………… （8）

    1.4.2 我国精准农业的研究概况 …………………………… （9）

第2章 精准施肥的技术流程 …………………………………… （12）

  2.1 外野工作 ……………………………………………………… （13）

    2.1.1 选定区域 ……………………………………………… （13）

    2.1.2 基础图件准备 ………………………………………… （14）

    2.1.3 农户调查 ……………………………………………… （14）

    2.1.4 网格取样 ……………………………………………… （15）

  2.2 土壤养分分析 ………………………………………………… （16）

    2.2.1 实验室养分测定 ……………………………………… （16）

    2.2.2 土壤养分数据库的建立 ……………………………… （17）

2.3　土壤养分图与施肥图的制作 ·· (17)

2.3.1　土壤养分分布图的制作 ·· (17)

2.3.2　推荐施肥图的制作 ·· (17)

2.3.3　推荐施肥表 ·· (17)

第3章　基础影像获取 ·· (18)

3.1　通过网络获取 ·· (18)

3.1.1　google earth 安装 ·· (18)

3.1.2　google earth 设置 ·· (18)

3.1.3　影像获取 ·· (20)

3.2　无人机航拍 ·· (27)

3.2.1　大疆精灵4无人机概述 ·· (28)

3.2.2　飞行器 ·· (31)

3.2.3　遥控器 ·· (42)

3.2.4　云台相机 ·· (49)

3.2.5　飞控软件 DJI GO 4 APP ·· (52)

3.2.6　航拍作业 ·· (66)

3.3　无人机自动航拍与自动拼图 ·· (69)

3.3.1　软硬件要求 ·· (70)

3.3.2　遥控器与飞行器的连接 ·· (70)

3.3.3　操作界面 ·· (71)

3.3.4　创建任务 ·· (74)

3.3.5　执行航拍 ·· (77)

3.3.6　地图重建 ·· (80)

第4章　基础图件制作 ·· (83)

4.1　图层创建与地图数字化 ·· (83)

4.1.1　数据背景 ·· (83)

4.1.2　控制点定位 ·· (83)

4.1.3　操作步骤 ·· (84)

4.2　图层修整 ·· (91)

4.2.1　属性的增加与删除 ·· (92)

4.2.2　建立图层的拓扑关系 ·· (93)

4.2.3　图层的接边 ·· (94)

4.3　图层属性的添加 ··· (94)

　　4.3.1　属性表中列的添加与删除 ··· (95)

　　4.3.2　属性值的添加 ··· (96)

4.4　图层属性表的链接 ·· (98)

　　4.4.1　链接文件的建立 ·· (98)

　　4.4.2　数据库的链接 ··· (98)

第5章　高效土壤养分测定技术 ·· (100)

5.1　土壤样品的采集与处理 ·· (100)

　　5.1.1　土壤样品的采集 ··· (101)

　　5.1.2　土壤样品的风干过程与处理 ······································ (103)

5.2　土壤有效养分的测定过程 ·· (105)

　　5.2.1　土壤碱溶有机质的测定 ··· (106)

　　5.2.2　土壤有效磷、钾、铜、铁、锰、锌的测定 ····················· (107)

　　5.2.3　土壤交换性酸、速效氮、有效钙和镁的测定 ·················· (113)

　　5.2.4　土壤中有效硫、硼的测定 ·· (118)

　　5.2.5　土壤酸碱度的测定 ··· (121)

第6章　土壤养分图的制作 ··· (123)

6.1　空间插值的基本原理 ·· (123)

　　6.1.1　距离幂指数反比法 ·· (123)

　　6.1.2　克里格插值法 ··· (124)

　　6.1.3　不规则三角网模型 ·· (127)

6.2　土壤养分图的制作技术 ·· (127)

　　6.2.1　土壤养分图制作流程 ·· (128)

　　6.2.2　土壤养分图的制作过程 ··· (128)

6.3　利用 ArcMap 制作土壤养分图 ··· (134)

　　6.3.1　制图前的材料准备 ·· (134)

　　6.3.2　养分图制作步骤 ··· (135)

　　6.3.3　施肥图制作步骤 ··· (149)

6.4　图件制作 ··· (149)

　　6.4.1　养分图输出 ··· (150)

　　6.4.2　图层输出 ··· (151)

　　6.4.3　保存工程 ··· (155)

第7章　施肥量的确定 ……………………………………………（156）

　7.1　施肥总量的确定 ………………………………………………（156）

　　7.1.1　养分指标法 ………………………………………………（156）

　　7.1.2　目标产量法 ………………………………………………（165）

　7.2　肥料的合理分配与施用 ………………………………………（169）

　　7.2.1　肥料的合理分配 …………………………………………（170）

　　7.2.2　肥料的施用技术 …………………………………………（171）

第8章　精准施肥图件示例 ………………………………………（173）

主要参考资料 ………………………………………………………（198）

第1章 概　述

1.1　精准施肥的起源及其理论基础

1.1.1　精准施肥的由来

在传统农业的操作中，都把土壤作为一个均质体来看待，一种土壤和作物的管理方法可应用于整个农田，一个产量目标、一种施肥推荐。这样的肥料用量是以田间多数量土壤的特性为基础的。这种管理方式也有很多缺点，可能会导致田块内一些地方施肥量过多，但也会有一些地方施肥量过少，从而会增加田间管理成本、降低经济效益。造成这些问题的原因主要是由于土壤的空间变异，实际上，土壤的非均质化是农民和农业科技工作者面临的古老问题，农田性状的变异来源有多方面，有复杂的地质学和土壤学过程，农艺操作也会导致农田肥力的变异，特别是肥料的使用。20 世纪八九十年代，人们开始用很多方法来测定和评价土壤的空间变异，特别是 20 世纪 60 年代初法国著名学者 G. Matheron 创立的地统计学方法，为土壤性状空间异变异的定量研究奠定了基础，人们通过插值的方法可定量描绘出土壤性状的空间分布图。但是，尽管了解了土壤的空间变异，农民也没有适当的工具依据土壤空间变异进行管理。在美国，一些农民根据土壤空间变异的概念，把地块分成几个小的管理单元，在每一个管理单元内的施肥量都是一致的，但不同单元的施肥量是不同的，这些都是通过手工操作来实现的。然而有时由于土壤的空间变异过于复杂，以至于难以把田块划分成规则的管理单元。

20 世纪 90 年代以后，信息等高新技术的高速发展引发了农业系统诸多领域的技术革命，其发展速度之快和影响范围之广是人们所始料不及的。特别是地理信息系统

（geographic information system，GIS）、全球卫星定位系统（Globe Position system，GPS）、遥感技术（Remote Sensing）和计算机的应用，使得田间管理可以实现自动化，同时根据土壤空间变异的管理也扩展到了其他农业管理环节，特别是农田病虫草害的防治方面，这些基于田块内空间变异的农事操作过程通称为精准农业（Precision Agriculture 或 Precision Farming）。精准农业的含义是按照田间每一操作单元（区域、部位）的具体条件，精细准确地调整各项土壤和作物管理措施，最大限度地优化使用各项农业投入，以获取单位面积上的最高产量和最大经济效益，同时保护农业生态环境，保护土地等农业自然资源。精准施肥技术作为精准农业最早应用领域，一直引领着精准农业技术的发展。直到目前为止，精准农业的技术应用还主要是精准施肥技术。所以，精准施肥技术的目的是为了克服田间地块内的土壤性状空间变异，可以认为，精准施肥是精准农业的技术组成部分，也可以认为，精准农业技术是精准施肥技术在农业其他领域的拓展和应用。

在农业机械化完成以前，农民可以通过手工的方式来改变农作物管理方式，以克服田间的这种变异。比如，在有生产潜力但土壤养分供应缺乏的地方可以多施一些相应的肥料，在作物病虫为害严重的地方多喷洒杀虫剂等，这种操作完全由人通过眼睛识别，而后进行手动操作。然而在大规模经营和高度机械化的条件下，按照田间每一操作单元的需求自动调整投入的实现则必须依赖信息和智能化技术。20 世纪 70 年代以后，微电子技术迅速实用化而推动了农业机械装备的机电一体化、智能化监控技术、农田信息智能化采集与处理技术研究的发展，它为精准农业提供了技术设备上的积累。80 年代，各发达国家农业经营中出现了农业生产力提高与资源紧缺、环境质量下降等一系列的矛盾，迫切要求更有效利用各项投入、节约成本、提高利润、提高农产品市场竞争力并减少环境污染等，这为精准农业的发展提供了社会需求。1991 年第一次海湾战争以后，GPS 技术开始民用化，这给施肥精确定位管理（site-specific management）提供了可能性。

1.1.2 精准施肥的理论基础

从精准施肥的起源不难看出，精准施肥的实质是根据田间内部的土壤养分状况，来精准调整施肥数量，使整个地块达到均衡合理的养分供应，保证在田间的每个位点上，养分供应达处于最佳状况，从而达到产量效应、经济效应和环境效应最大化。所以，精准施肥的理论基础是田间土壤养分的空间变异。

关于土壤养分的空间变异，很早就有人注意到了这一点，1863 年，在李比希所著的《农业的自然法则》一书中，对土壤的空间变异就有了详尽的描述。但是，如何定量地描述农田土壤的空间变异,一直是困扰土壤学的问题之一。20 世纪 40 年代末,一些地质学家发现,地质变量不是纯随机变量,因而不能用简单的统计方法去估计和评价。50 年代初,南非的矿山工程师 D. G. Krige 和 S. H. Sichel 从南非金矿储量计算的具体问题出发,提出了用样品的空间位置和相关程度估计块段品位及储量,使其估计误差最小,即 Kriging 的初步。60 年代初,法国著名学者 G. Matheron 在此基础上提出了区域化变量的概念,创立了地质统计学。70 年代以后,国内外许多学者开始将该方法应用于土壤性质的研究。Campbell 在研究两个土壤制图单元中砂粒含量和 pH 空间变异时采用了地统计学方法。80 年代以来,利用地统计学方法来研究土壤特性空间变异,特别是土壤养分的空间变异特性,使土壤养分的精准管理,或精准施肥成为可能。

根据土壤养分空间变异的尺度和养分管理的精度,可把精准施肥分为两个尺度。

一是基于点位的精准施肥(side-specific management),即可以把管理单元无限缩小,在田间可精确至米、亚米或分米级。这种管理方式需要变量施肥机械的配合,适合于大规模经营的农场。

二是基于田块的精准施肥(field-specidic management),即以田块为管理单元,同一地块内,采用均衡施肥的方法,地块间采用变量管理的方法。这种管理方式适合于地块田积较小的分散经营模式。这种方式特别适合于我国农村小农户经营模式。本书介绍的精准施肥技术也主要以这种模式为主。

1.2　精准施肥的技术体系

精准施肥的技术体系可分为基于 3S 技术的精准施肥和基于传感器技术的精准施肥。

1.2.1　基于 3S 技术的精准施肥技术体系

又称为基于地图的精准施肥(map-based approach),其核心技术是地理信息系统(GIS)、全球卫星定位系统(GPS)、遥感技术(RS)和计算机自动控制系统。精准施肥是信息农业的重要组成部分,其特点是应用地理信息系统将已有的土壤和作物信息资料整理分析,作为属性数据,并与矢量化地图数据一起制成具有实效性和可操作性的田间管理信息系统。在此基础上,通过 GIS、GPS、RS 和自动化控制技术的应用,按照田间每一操作单元(位点)上的具体条件,相应调整投入物资的施入量,达到减少浪费、增加收入和保护农业资源和环境质量的目的,其基本过程示于图 1-1。该方法的基本过程是通过田间网格取样和实验室分析,形成精准养分图,最后再制成可用于变量管理的控制图。在这个过程中,都需要 GIS 和 GPS 系统的支持。

图 1-1　基于 3S 技术的精准施肥系统示意

1.2.2　基于传感器技术的精准施肥技术体系

基于传感器的精准施肥（sensor-based approach）则是利用适时传感器，测定所需的特性，如土壤特性、作物特性等，这些信息经过快速处理后，直接用于控制变量管理机具，所以，这种操作不需要 GPS 系统的支持，也不需要 GIS 的支持（图 1-2）。目前，基于 3S 技术的精准施肥应用更为普遍，主要原因是田间实时传感器价格高、不太精确且可用性差。利用 GIS 结合 GPS 进行土壤取样、产量实时监视、遥感、绘制土壤图等都极为方便，加上地统计学、作物模拟等方法的发展，使得基于 3S 技术的精准施肥应用更为普遍。

图 1-2　基于传感器技术的精准施肥（氮素施用）示例

这里指出，精准农业的研究始于对土壤养分的精准管理，至目前，它仍然是精准农业的主导应用领域，除此之外，在除草剂、杀虫剂等施用方面也有一定程度的应用。

1.3 国际上精准施肥的研究动态与应用情况

1.3.1 精准施肥的研究

国际上精准施肥的研究始于 20 世纪 80 年代末期，美国农学会（ASA）、作物学会（CSSA）和土壤学会（SSSA）于 1992 年开始，基本上每两年举行一次精准农业的国际研讨会。其他与农业和工程有关的学术会议也将精准农业列为专题进行研究，这里就国际上精准施肥的基础研究、技术创新和应用情况进行简单的综述。

1.3.1.1 基础研究

精准施肥基本需求源自地块内作物生产潜力的时空变异，所以，早期精准施肥的研究也主要在土壤作物的时空变异方面。20 世纪 60 年代初，法国著名学者 G. Matheron 创立了地质统计学（geostatistics），70 年代以后，该方法逐渐应用于土壤作物的空间变异。90 年代后，土壤作物的空间变异研究与 GPS 和 GIS 结合，开始用于精准施肥目的，较早的研究主要是从土壤资源的空间变异研究方法、土壤属性如土壤养分、土壤属性空间变异与影响因素的关系等入手，逐渐开始研究用于精准施肥的土壤网格取样方法、取样成本等。

农田生产力的空间变异起源于对作物产量的空间变异研究，由于作物产量能最有效地反映所有因素对作物最直观的影响，加之实时作物计产器（yield monitor）技术的问世，使作物产量空间变异的研究更加容易。

目前地块内的变异可分为三大类。

一是空间变异类：主要包括土壤条件、地形变化、有关气候因素和作物产量等。

二是时间变异类：主要有气候因素、作物养分需求、害虫、病害、杂草和作物产量等。

三是设计变异类：主要有种植作物及种植制度等。

有些变异也可能是在空间变异的同时又具有时间变异的。

早期的研究主要包括产量变异、地形变异、土壤养分和土壤其他属性的变异、作物变异、其他非常规变异（如杂草、昆虫、病害等）以及管理变异（如耕作、作物品种、播种密度、肥料施用、杀虫剂施用和灌溉等）。

1.3.1.2 技术与产品

在精准施肥的技术创新方面，主要包括传感器技术、变量控制技术、遥感技术、数据传输技术等方面。

在传感器方面，目前许多用于精准施肥的传感器已经商品化，这些传感器包括，作物产量传感器、土壤传感器、作物传感器和异常识别传感器等。目前所使用的产量传感器主要有四种：一是冲击式传感器，二是重量传感器，三是光学传感器，四是 γ 射线传感器。利用这些传感器可以测定小麦、玉米、水稻、牧草等作物产量，如果与全球定位系统（GPS）或即时矫正全球定位系统（DGPS）结合，可实时做出作物产量的田间分布图。目前所用的土壤传感器主要有几种，一种是利用土壤在可见光和近红外波段的特殊反射光谱来检测土壤的特性，如有机质、土壤含水量等；还有一种是利用电磁波测定土壤的电导率，进而了解土壤的含盐状况；再有一种是利用时阈反射仪测定（TDR）土壤的含水量等，但时阈反射仪是一种接触式探测器，而利用土壤光谱特性的传感器则不需接触即可测定土壤的性质。作物传感器主要用于测定作物的生长性能，如利用装在拖拉机上的近地面扫描辐射计绘制植被指数图；利用电动传感器测定玉米株数，也有人用机械手指或红外线测定棉花株高；利用红外线温度计可以监测植物冠层温度以控制灌溉；近红外传感器也检测饲草的含水量；利用实时高光谱分析可以用于植物水分含量图、养分分布图、病害分布图的绘制等。异常识别传感器主要是识别田间的异常情况，目前已经有几种商业化的杂草识别传感器，这些传感器主要是依据杂草、作物、土壤的光谱特性不同而进行区分的，也有用红外线植物温度传感器测定植物温度的变化以检测麦蚜的分布情况。

在变量控制机具的技术创新方面，目前许多制造商都生产了用于变量施肥机具和变量施药机具等。同时，在变量机具的自动导航方面也有商品化的产品。日本还研制了机器人自动收获系统，用于番茄、樱桃番茄、黄瓜、草莓、葡萄、西瓜等的收获。

遥感技术在精准施肥的应用方面，据有关资料，利用遥感影像，可以预测玉米的氮素需要量、估测棉花产量、评价麦田昆虫为害情况、检测棉田红蜘蛛、杀虫剂施用决策、估测土壤表层质地、检测杂草、评价风或雹灾害等。在卫星遥感方面，由于其实时性差、价格高、分辨率低、易受云层覆盖，加之缺少用于作物管理的影像处理方法等，应用较少。但是，高光谱遥感在许多方面已经表现出很强的优势。

另外，在田间计算机系统、GIS 与 GPS 的连接、数据传输的标准化方面都取得了较大的进展，并开发出了商品化的软件和分析控制系统。

1.3.1.3 应用效益

应用效益一直是精准施肥关注的焦点，也是精准施肥应用的重要前提。精准施肥的效益包括两个方面：一个是环境的效益，另一个是经济效益。

在环境效益方面，至今没有系统的研究。但是，一些研究表明，传统的均量施肥（uniform fertilizer application）意味着田间一些地方施肥量过多而另一些地方施肥不足，超过作物所需的过量施肥会造成多余的肥料进入环境。精准施肥的实施可有效避免该类问题的发生。在精准施肥中，节约农药比节约化肥更普遍，因为精准施肥是局部用药，避免了传统农业在大田中普遍施用一种农药只能针对一种害虫或一种杂草的情况。传感器及制图可以根据特定地点更准确地施用不同类型、不同数量的农药，可有效地防止农药的污染。

精准施肥的经济效益取决于该技术是否节约投入成本、增加产出。在美国，通过把每个农场数百个小区的土壤测试、播种量、产量、农药和肥料用量等结合起来看，精准施肥措施更精确地预测了最佳经济投入和作物产量，结果，生产者每投入一份肥料、种子和农药都获得了更高的作物产量，使他们减少了成本、节约了资源，经济效益是十分明显的。一项研究结果表明，仅氮肥施用量就降低了 24% ~ 40%。

精准施肥的效益还取决于经营规模，不同的经营规模其生产成本是不同的。精准施肥从理论上讲对每一块地的影响都是一样的，但是由于精准施肥需要投入大量的机具、设备、制图、土壤测试、田间操作、技术维护等，这就存在着一个经济学的问题，小规模经营如果支撑一个独立的精准施肥系统，其费用就会提高，在大规模经营条件下，这种费用在单位面积上就相对降低了。所以，为了降低精准施肥的系统费用，在美国也同样要求精准施肥技术服务的社会化。

据美国 Purdue 大学的研究，在美国采用精准施肥技术的农民有 60% 实现赢利，有 10% 亏损，有 30% 保本。

1.3.2　国际上精准施肥的应用情况

目前，精准施肥已在世界许多国家展开研究和应用，并得到了许多政府的关注，美国国家研究会（National Research Council）为此曾专门立项组织了一批多学科著名专家对有关发展研究进行了评估，研究报告经过由美国科学院、工程院和医学科学院院士组成的评估组进行了审议后，于 1997 年发表了《21 世纪的精准农业——作物管理中的地理空间信息技术》（*Precision Agriculture in the 21st Century-Geospatial and Information Technologies in Crop Management*）的研究专著，全面分析了美国农业面临的压力、信息技术为改善作物生产管理决策和改善经济效益提供的巨大潜力，阐明了"精准农业"技术体系研究的发展现状、面临的问题及其支持技术产业化开发研究的机遇等。目前进行精准农业研究与应用的国家除美国和加拿大外，还有韩国、印度尼西亚、孟加拉国、斯里兰卡、土耳其、沙特阿拉伯、澳大利亚、巴西、阿根廷、智利、乌拉圭、俄罗斯、意大利、荷兰、德国、英国、日本等。

美国和加拿大是应用精准施肥技术较早的国家，据估计，1998年，美国有4%的农场使用一项以上的精准农业技术，最为大家接受的是网格取样和变量施肥（约占美国农场的2%），产量监视和产量图（约占1%），其他技术如变量播种、精准喷药和遥感技术应用不足1%。至2000年，在小麦种植中，约有10%的面积应用了产量监视器，而玉米和大豆使用产量监视器的达30%和25%。2001年，玉米有35%的面积应用了产量监视器。澳大利亚对精准农业技术的接受程度不高，主要是成本、效益、技术推广等原因；据在英国350户农民的调查，有25%使用了有GPS的产量实时监测器；在美国阿肯色州的调查结果也是这样，接受精准农业技术的大多是年轻人、受良好教育的、爱好计算机并大量种植水稻和大豆等作物者。

1.4 我国精准施肥的发展历程与研究现状

1.4.1 我国精准施肥研究的发展历程

精准农业起源于精准施肥，2005年之前，我国基本上没有区别精准施肥与精准农业。我国最早出现"精确农业"的文献是1995年第10期的《中国信息导报》，在一篇题目为《高科技——美国农业生产高效益的源泉》一文首次提到了美国的精确农业状况，此后，我国对精准农业（precision agriculture）的翻译出现了三个版本，即精确农业、精准农业和精细农业。精准农业在我国的研究和应用历程可分为以下几阶段。

1.4.1.1 概念引进阶段（1995—1997年）

该阶段主要是以介绍国外精准农业的概念为主，从1995年的零星介绍，到1997年，在一些刊物上已经有了系统的介绍。从全球卫星定位系统（GPS）、地理信息系统（GIS）、传感器及监测系统、计算机控制及变量管理体系等都进行了详细的介绍。其信息来源主在是国际上第一、二、三次精准农业国际研讨会的内容。在此期间，我国的精准农业研究基本上是空白，但是，在土壤属性的空间变异方面已经有所研究。3S技术的应用也开始在不同的行业中进行了应用。1997年8月，农业部科学技术委员会组织召开了关于新的农业科技革命的学术研讨会，在会上有三位专家就国外精准农业的发展情况进行了介绍，并对我国开展精准农业研究提出了建议。这些工作为我国精准农业的研究奠定了基础。

1.4.1.2 研究准备阶段（1998—1999 年）

1998 年 1 月 15 日，由中国农业科学院、IMC 全球公司（美国）和加拿大钾磷研究所（PPI/PPIC）在北京共同举办了精确农业和信息农业技术座谈会。会上，中外代表对土壤测试、养分资源信息化处理、地理信息系统、全球卫星定位系统及精确变量施肥等精准农业核心技术进行了热烈讨论，对精准农业和信息农业在美国、加拿大的应用现状和发展趋势以及在我国的应用前景进行了分析与研讨。该会议标志着我国精准农业的研究准备阶段正式开始。

在该阶段的科技文献中，出现了大量介绍国外精准农业技术体系的文章，我国一些学者在不同的场合讲解或撰文，以肯定态度高度评价精准农业在农业发展中的作用，呼吁我国开展精准农业研究。一些学者对我国如何开展精准农业研究、如何实施精准农业都提出自己的看法。

1.4.1.3 研究实施与初步应用阶段（1999 年至今）

1999 年，由中国农业科学院土壤肥料研究所承担的国家引进国际先进农业科学技术（948）项目"精确农业技术体系研究"正式启动，标志着我国精准农业的研究进入实施阶段。至目前，中国科学院、中国农业科学院、中国农业大学、北京市农林科学院、上海农科院、上海气象局等单位都对精准农业进行了全面深入的研究，并在北京、河北、山东、上海、新疆维吾尔自治区（以下简称新疆）等地建立了一批精准农业试验示范区。

1.4.2 我国精准农业的研究概况

我国对精准农业的单项研究可追溯到 20 世纪 80 年代，现就基础研究、技术引进、自主开发、试验示范等方面分别加以讨论。

1.4.2.1 基础研究

在土壤属性的空间变异方面，早在 1989 年，我国已将地统计学技术引入土壤属性的空间变异。较早的研究主要在土壤的物理性质方面，基于精准农业的土壤属性空间变异，特别是土壤养分的空间变异主要是 90 年代中期以后。王学锋和章衡对 4 个地块按 10m×10m 的网格采取耕层土壤样品，研究了土壤有机质的空间变异性；周慧珍和龚子同采用以 50m 距离为间距的网格法采取土壤样品，分析了牧地条件下土壤表层速效磷、钾等的空间变异性；李菊梅和李生秀采用以 5m 距离为间隔的网格法采取了红油土耕层土壤 147 个样点，探讨了铵态氮、硝态氮、有效磷、水溶性钾、水溶性钙、水溶性镁等在空间的变异规律；胡克林等报道对一块面积为 $1hm^2$ 麦田内的 98 个观测点取样分析，讨论了两个时期不同含水率的情况下土壤养分空间变异特征，绘制了土壤养分含量等值线图，对田间氮收支平衡的空间变异也做了描述；杨俐苹等对河北邯郸陈刘营村约 541hm² 连片种植棉田的速效磷、钾等空间变异进行了研究；白由路等通过土壤网格取样、室内分析及施肥推荐等方法，在地理信息系统支持下，建立了地块和村级农田土壤养分分区管理模型，并在河北省辛集市马兰试验区进行了实施和验证，取得了很好的效果；徐吉炎和 Webster 利用一定的土壤调查数据对彰武县土壤表层全氮进行了半方差分析和空间插值；张有山等对北京昌平区南邵乡 2 6401hm² 土地上的土壤有机质、全氮、有效氮、有效磷和有效钾的空间分布特征进行了探讨，并绘制了它们的等值线图；郭旭东等研究了河北省遵化市土壤表层（0~20cm）碱解氮、全氮、速效钾、速效磷和有机质等的空间变异规律；黄绍文等对乡（镇）级和县级区域粮田土壤养分空间变异与分区管理技术进行了研究，明确了土壤养分的空间变异规律与空间分布格局，并发现小规模分散经营体制下对主要土壤养分 N、P、K、Mn 和 Zn 进行乡（镇）级和县级分区管理均可行，形成了适合我国小规模分散经营体制下养分资源持续高效利用的土壤养分分区管理和作物优质高产分区平衡施肥技术。

近几年来，我国作物模拟和虚拟农业的研究有了迅速进展。中国农业大学为定量化研究农田系统水分运动与转化的时空规律，与中科院计算所等单位合作，建立了冬小麦根系生长发育三维可视化模型，进行了冬小麦苗期生长的三维动画模拟研究，建立了玉米、棉花形态虚拟模型，为建立精确反映作物生长与农业环境条件关系的虚拟农田系统打下了坚实的基础，并与中科院自动化所、法国 CIRAD-INRA 的 AMAP 实验室合作进行了虚拟植物生长的研究。

1.4.2.2 技术引进

在技术引进方面，中国农业科学院土壤肥料研究所在农业部"948"项目的支持下，从引进国外精准农业先进技术入手，结合我国农业高度分散和高强度开发的国情，围绕土壤养分精准管理开展了系统的研究，先后从美国等地引进了多项有关精确农业的关键技术与设备，包括美国天宝公司的实时差分 AgGPS132 接收机、田间方向控制器及田间计算机，Magellan 公司的后差分全球卫星定位系统，Micro-TRAK 公司的谷物产量监测器及土壤采样自动记录器，CEE 公司的自动土壤取样器及 MidTECH 公司的变量施肥控制系统等，并自行研制了适合于田间条件下的低空遥感技术与设备。并结合我国农业高度集约化与高度分散的国情，进行了一系列深入的研究，在北京、河北、上海等地建立了精准农业试验区。该项目创造性地将引进的关键设备与国产机具相结合，为精准农业设备或部分设备国产化开发研究奠定了基础。同时，还进行了一系列基于精准农业的土壤养分数据采集和土壤养分快速检测设备的研制工作。

1.4.2.3　自主开发

近年来，中国农业大学精细农业研究中心在农业环境参数智能化传感器与仪器的开发研究和吸收引进农业机械化新技术新设备方面有着坚实的基础。上海气象局与中国科学院、上海交大等单位合作，开发了作物时实计产器。在软件开发方面也取得了一定的成果。

我国农作物遥感估产的研究起步于"七五"期间，实施在"八五"期间，扩大研究在"九五"期间。与农业有关的土地资源、土地利用、水资源、水资源利用、气候资源、作物品种资源等方面的调查已经是非常详尽，相当一部分已经建立数据库。

这里需要指出的是，精准施肥技术是以现代信息技术为支撑，以土壤养分空间变异为依据，以变量施肥为手段的现代农业技术。它不同于我国传统农业的精耕细作。但是，由于我国农业高度分散，高强度开发，2005 年以后，我国精准施肥技术的发展一直十分缓慢，取而代之的是一些以精耕细作为基础的施肥技术，所以，正确理解精准施肥的内涵是研究和发展精准施肥的第一步。

第 2 章　精准施肥的技术流程

本书介绍的精准施肥技术体系是基于 3S 技术的精准施肥技术体系，管理尺度是基于田块的精准施肥。所以，在该技术体系中需要用到 GIS 技术、GPS 技术和 RS 技术，相关的技术细节将在以后的章节中详细介绍，本章仅介绍精准施肥的技术框架与流程。

根据精准施肥的精度不同，可分为基于位点的精准施肥（site specific management）和基于地块的精准施肥（field specific management）。

基于位点的精准施肥（site specific management）是采用变量施肥机械，在 GPS 指导下，对每个位点的具体情况进行施肥的方法，位点的大小可至米级亚米级。这种精准施肥方法精准度高，可实现全部机械化。但需要有变量施肥机械作基础，适合于地块比较大的规模营养。

而基于地块的精准施肥（field specific management）是以一个地块为管理单元，把地块内的养分处理成单一值，然后根据这个养分值进行施肥的方法，所以，基于地块的精准施肥的精度是与地块的大小有关的，地块越大，精度越低。其优点是不需要变量机械，用普通的施肥机械或手工都可实现。这种施肥方法适合于地块较小的分散营养条件。

精准施肥的技术流程示于图 2-1，其中包括选定区域、准备基础图件、网格取样、室内养分化学分析、农户调查、养分图制作、施肥模型、施肥图制作等环节。在制图方面，两种精准施肥模式有所不同。基于位点精准的施肥方法，只需将土壤养分图制成栅格图，让变量施肥机识别即可，而基于地块的精准施肥方式还需将土壤养分的栅格图转化为地块单一养分图，然后根据每个地块的养分来进行施肥。

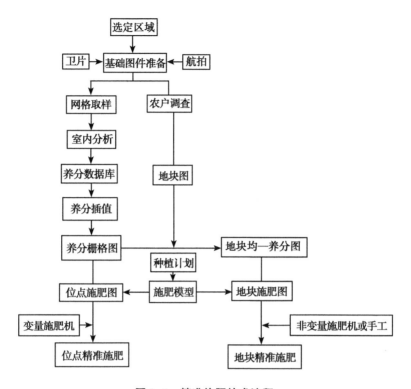

图 2-1 精准施肥技术流程

2.1 外野工作

2.1.1 选定区域

本规范是以村为单位进行的，为了使精准施肥顺利进行，最好选择在群众基础较好、对新事物接受程度高的村庄。因为，在整个精准施肥过程中，农户是实施的主体，科研人员是技术的支持方，其中需要大量的农户信息调查如施肥的具体落实等，如果农户不配合，该工作是难以为继的。另外，选定的村庄需要有一个强有力的组织者。在精准施肥过程中，很多工作是要以村为单位进行的，一个熟悉村里情况，有组织、有号召能力的组织者十分关键。

在区域选择中，还要注意的是，最好是作物类型少，土地较为连片的村庄。因为在土壤养分图的制作过程中，需要使用插值的数学处理方法，这种插值处理的前提是土壤养分呈连续变化。如果土块过于分散，类型繁多，则会影响插值的准确性，从而影响到推荐施肥的准确性，最终影响到了施肥的效果。

2.1.2 基础图件准备

在基于田块的精准施肥过程中，最基本的是地块分布图。所以，在基础图件的准备过程中，都是围绕地块图展开的，主要包括如下部分内容。

2.1.2.1 全村概况图

全村概况图是整个基础图件准备的基础，它的来源有三个。

一是整村的近期规划图，如果有该村近期规划图的电子图件是最好的，只要在规划图上稍加修改，就可以用于精准施肥的基础图件了。

二是从网站上下载图件，目前很多网站都有许多地方的高清图件，如 goolgearth。可以从中找到该村的位置，做成图片，然后再进行数字化，得到整村的基础图件。

三是自己用无人机进行低空航拍，获得该村的低空遥感图片，然后再进行数字化。目前小型多旋翼无人机很多，操作起来也很方便。使用小型多旋翼无人机航拍可能是最简单的方法，同时获得的信息也最新，在精准施肥方面最适合。

2.1.2.2 地块图

地块图是在全村概况图上整理出来的，但又不同于概况图。目前我国农村土地主要有两种类型，一是村民自种的小片地，二是土地流转后的大块地。

对于村民自种的小块地，可能会地块太小，不能满足要求，这时，就需将相邻的种植作物一致的地块进行合并，形成一个稍大一点的地块作物精准施肥的管理单元。一般不宜超过 15 亩（1 亩 $\approx 666.7m^2$，全书同），但不能小于 5 亩，5 亩以下的地块在图上很难形成有效图斑。

对于土地流转后有人承包的大地块，也需要进行处理，一般是根据道路或田间道路，土地形成的自然地块较好，同时也可以根据田间的种植情况把田间分为不同的地块。对于规模经营的承包地，地块的大小一般以 50 亩左右为宜，不宜超过 100 亩。

2.1.2.3 其他地物特征图

地块图是精准施肥的目标图件，但为了使制成的图件美观易识别，还需将村庄的建设用地、主要道路、林地、水库等制作底图，以便在后期成图时和土壤养分图叠加，形成一个美观、易识别的精美图件。

2.1.3 农户调查

农户调查是基于田块精准施肥工作的重要环节之一，因为不同地块的基本信息都是要通过农户调查获得。对于精准施肥来讲，最重要的是地块的主人姓名，打算种植的作物类种，这两项要在最后的推荐施肥表中使用，如果地块过小，一个管理单元包括了几个农户时，应将几个户主都记上。同时，还可以调查一些如有机肥使用情况、往年作物种类、产量等，以便在推荐施肥时参考。由于该项调查需要了解村情况才能完成，所以，在农户调查时，最好由该村的组织者或村干部协助调查，会能起到事半功倍的效果。

2.1.4　网格取样

基础图件准备好以后，就可以开始田间取样工作。对精准施肥工作来讲，一般应采取网格取样。其基本方法是将所取样的地块分成一定大小的网格（图2-2），在网格中心2~3m的半径内取8~10钻土样，然后将这些土样混合成一个样品。作为该样点的土壤样品，混合这些土样的目的是消除土壤在小范围内的变异。在实际取样过程中，也可在网结上取样，只要保证样点间距基本一致即可。当样点确实不能代表该地块的状况时，也应因地制宜地适当移动样点，以取得有代表性的土壤样品。在田间操用时，可通过计算作物的行数、量算距离等方法也能基本确定网格。

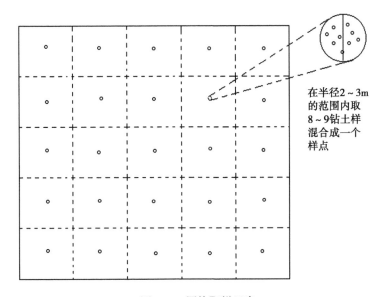

在半径2~3m的范围内取8~9钻土样混合成一个样点

图2-2　网格取样示意

为了以后成图方便，最好为差分式GPS在每个取样点进行定位，这样在取样时就可得到每个样点的精确坐标。当没有GPS的情况下，最好在大比例地形图上随时标注取样点的位置，以便以后进行数字化。

采用网格取样有两个优点：①可以避免为人为因素对土壤取样的干扰，可均匀采取研究区域的土壤样品，使其更具有代表性；②可以利用Arc/Info软件进行土壤养分的插值，因为Arc/Info软件在计算半方差时，要求每一种采样间距必须有三个以上相同距离的样点才能工作，而非等距离的随机采样很难满足其要求。

关于网格取样的间距，目前还没有一个具体的规定。根据一些学者的研究，随着取样间距的减小，变量施肥的费用逐渐增加，当网格间距于 60m 时，变量施肥的费用迅速增加（图 2-3）。但是，土壤养分图的准确性决定于取样方法和取样密度，一般以 100m 的间距为宜。

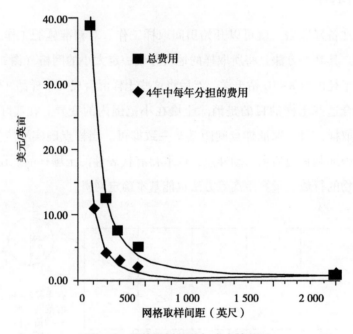

图 2-3　网格取样间距与成本的关系

2.2　土壤养分分析

2.2.1　实验室养分测定

土壤养分分析是推荐施肥的基础，快速、高效、准确的土壤养分分析一直是研究人员孜孜以求的目标。经过了 100 多年的发展，土壤养分分析也有了突飞猛进的发展。众所周知，土壤中的养分有速效养分和迟效养分之分，它们对作物的有效性是不同的，科学家希望能准确测定土壤中的速效养分，因为它与施肥的关系最密切。但是，二者本身就没有明确的界限，通过化学的方法更难准确区分，这样就有了各种各样的分析方法。所以选择任何一种分析方法，都不能完全区分速效养分与迟效养分。因此，需要在不同的测定值方面与作物的吸收建立一种关系，通过这个关系再建立测定值与推荐施肥量的关系。目前我国主要有土壤养分常规分析方法和其他速效养分快速测定方法等。

2.2.2　土壤养分数据库的建立

土壤样品经化验室测定后,需要将各种养分测试值建成一个土壤养分数据库。该数据库是制作土壤养分分布图的基础。在数据库中,最重要的是需要将不同点的坐标包括在数据库中,以便以后的数学插值。

2.3　土壤养分图与施肥图的制作

2.3.1　土壤养分分布图的制作

土壤养分分析结束,土壤养分数据库建立后,即可进行养分图的制作。养分图的制作是以地块图为约束条件,对土壤养分进行插值处理而获取的栅格格式文件。这个过程可由专门的空间分析软件来完成,也可以在地理信息系统软件上完成。

2.3.2　推荐施肥图的制作

对于不同的精准施肥方式,施肥图的制作略有不同。对于基于位点精准的施肥方式,将不同位点的养分状况,通过施肥模型转化为施肥图即可。而对于地块精准的施肥方式,需要根据地块图,首先将养分图转化为地块单一值养分图,即一个地块内只有一个养分值,然后再根据这个养分值,通过施肥模型,这地块单一值养分图,转化为地块施肥图。所以,施肥图是利用施肥模型对土壤养分分布图计算而来,通过地理信息系统的空间分析功能,可将土壤养分分布图转化为推荐施肥图。在这个过程中,最关键的是施肥模型的准确程度,不同土壤养分的分析方法都会对应一个施肥推荐模型,所以,不同的分析方法需要不同的施肥模型,不可混用。

2.3.3　推荐施肥表

推荐施肥表实际上是推荐施肥图的表格形式。对于基于地块的精准施肥来说,由于图上表示的图例可能不够层次,会使人有模糊的感觉,所以制成表格后,会使用户更加清晰。

第3章 基础影像获取

为了对某一村庄实施精准养分管理，首先需要对管理单元进行数字化，然后才能在地理信息系统上进行图件处理。但数字化之前，必须首先获得该村的基础影像图。目前，较为可行的基础影像获取方法有两种，一种方法是通过网络上的 google earth 获取该村的影像，另一种方法是通过无人机进行航拍获取。本章重点介绍通过这两种方法获取基础影像资料的方法。

3.1 通过网络获取

3.1.1 google earth 安装

可在 google earth 官网下载该程序，并进行安装。注意：该程序可选择免费版本，如果在其官网上不能下载，可以到其他合法网站下载并安装。

3.1.2 google earth 设置

安装后，可点击 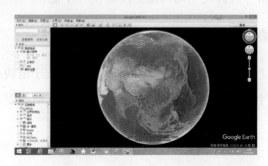 图，屏幕出现以下界面（图 3-1）。

图 3-1　google earth 启动界面

google earth 的操作与其他程序基本相同，都由菜单+按钮+主窗口+状态栏组成，其基本操作可参考有关说明，这里介绍与精准施肥有关的几个设置。

点击下拉菜单的"工具"栏（图3-2）。

图 3-2　google earth 界面上的工具菜单

然后，弹出一个对话框（图3-3）。

图 3-3　google earth 选项对话框

其中在"显示纬度/经度"栏中，可设置不同的坐标表示方法，如果要在主窗口上直观显示距离时，可选择"通用横轴墨卡托投影"；在"度量单位"栏中，选择单位为"米、公里"。其他设置可参阅其他资料。

注："通用横轴墨卡托投影"又叫 UTM（UNIVERSAL TRANSVERSE MERCATOL PROJECTION）投影。是一种"等角横轴割圆柱投影"，椭圆柱割地球于南纬80°、北

纬 84°两条等高圈，投影后两条相割的经线上没有变形，而中央经线上长度比 0.9996。该投影与高斯–克吕格投影相似，该投影角度没有变形，中央经线为直线，且为投影的对称轴，中央经线的比例因子取 0.9996 是为了保证离中央经线左右约 330km 处有两条不失真的标准经线。UTM 投影分带方法与高斯–克吕格投影相似，将北纬 84°至南纬 80°之间按经度分为 60 个带，每带 6°。从西经 180 度起算，两条标准纬线距中央经线为 180km 左右，中央经线比例系数为 0.9996。

3.1.3 影像获取

3.1.3.1 目标定位

由于 google earth 是采用不同时期的卫星影像拼接而成，其中的地物不是十分明显，因此，在 google earth 的影像中，找一个不太熟悉的地点，较为困难，即使使用左侧的搜索功能也不易找到。因此，在找一个村级大小的地方时，最好先知道该村的大体坐标，目前，大部分智能手机上都有定位功能，可先在该村进行手机定位，然后，再在 google earth 的主窗口上用鼠标找到大体位置，放大影像图，找到该村的实际位置。找到后，为方便日后使用，可利用 google earth 的定点功能，将其标记到影像图上。

例如，如果在 google earth 的影像中寻找山东省昌乐市土埠村，并知道该村的大体坐标为：N36°27′26″、E119°01′19″，可将鼠标放在 google earth 的主窗口影像图上，观察下面的状态栏（图 3-4）。

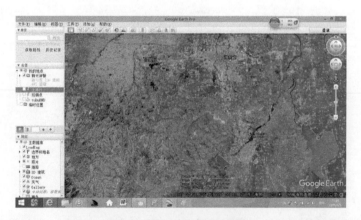

图 3-4 google earth 状态栏

然后再放大，即可找到山东省昌乐市土埠村（图 3-5）。找到后，可使用 google earth 中的"添加地标"功能，将该村标记上，具体方法为：

下拉 google earth 菜单栏上的"添加"栏，点击"地标"，或点击按钮，屏幕上会弹出一个对话框（图 3-6）同时，在屏幕中央有一个闪动的图标，用鼠标将其拖动

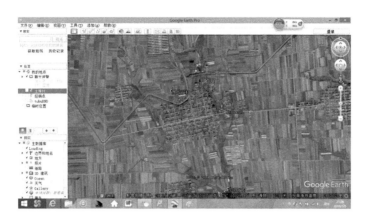

图 3-5　目标位置示意

的要标记的位置，并在对话框上的名称上输入该村的名称，按对话框下方的"确定"
按钮，这时要标记的地名会出现在左侧栏的"位置"栏中，下次要找这个地方，在运
行 google earth 后，双击侧栏中的地名，主窗口会自动转到该位置。

图 3-6　google earth 中新建地标对话框

3.1.3.2　确位边界

　　目标定位后，需要确定该村的农田范围，这需要在熟悉该村情况的人指导下进行。
在确定边界时，可用 google earth 提供的"添加多边形"工具进行。具体方法为，下拉
google earth 菜单栏上的"添加"栏，点击"多边形"，或点击按钮 ⌀⁺，屏幕上会弹出

一个对话框（图3-7）。此时，光标会变成一个方框，为了不影响边界点的确定，可在对话框的"样式/颜色"选项中的"面积"下边的"不透明度"设为0（图3-8），这个就不会影响边界点的确定。然后移动鼠标，将方框中心对着边界点击，形成了个多边形（图3-9），

图3-7 新建多边形对话框　　　　**图3-8 新建多边形中样式/颜色设置界面**

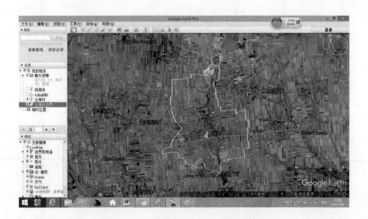

图3-9 google earth 多边形示意

3.1.3.3 图像抓取

确定边界后，由于屏幕比例过小，不能准确确定地块，所以，还要对影像进行放大处理。在 google earth 免费版中，不能下载大面积大比例的图件，只能一屏幕一屏幕的下载，然后再进行拼接成大比例尺影像图。这就需要从 google earth 上下载小面积影像，再有图像处理软件进行拼接。

从 google earth 下载大比例影像的具体方法如下。

（1）确定下载的外围边框。对制图而言，需要形成一个包含全部村界在内的矩形影像，以最后成图。所以，在下载大比例影像之前，需要确定一个外围边框，方法可参照"确定边界"的方法进行。以土埠村为例，其外围边框确定示于图 3-10。

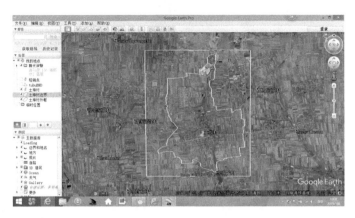

图 3-10　目标外围多边形示意

（2）将 google earth 的影像比例调至适中，以看清最小地块为宜。

（3）将主窗口调至边框左上角，下拉主菜单上"视图"栏，在"重置"选项中，点击"倾斜和罗盘"（图 3-11），以保证影像处于垂直地面且上方为正北状态。

图 3-11　"倾斜和罗盘"重置菜单

（4）点击"保存图片"按钮 ，在主窗口上方出现一个"保存图片"工具条（图 3-12）。为了保证每次下载的影像清晰和最大化，可以在主菜单的"视图"栏中勾掉"侧栏"，此时，在主窗口中则不出现侧栏，这样可以使每次下载的影像最大。同时，在主窗口上方的"保存图片"工具栏的"地图选项"全部勾掉（图 3-13），这样可以保证窗口清洁。

图 3-12　google earth 中保存图像工具条

图 3-13　地图选项菜单

（5）保存图像。点击"保存图像"工具栏最右侧的"保存图像"按钮，可将主窗口中的影像保存成一个 JPG 格式的文件。

3.1.3.4　图像拼接

将下载的图片进行拼接，形成一个整幅的村庄图，是养分精准管理的重要环节。图像拼接有很多方法，这里介绍常用的两种方法。

3.1.3.4.1　基于 photoshop 的自动拼接方法

这里要用到 photoshop CS 软件，具体操作步骤如下。

（1）打开 photoshop CS 软件，下拉"文件"菜单，点击"自动"栏中的"photomerge"选项（图 2-14）。系统会弹出一个对话框（图 3-15）。

（2）在 photomerge 对话框中选择要拼接的文件，例如上节保存的图片文件，在左侧栏中选择"拼贴"选项，点击确定即可。注意，当需要拼接的文件较多时，速度较慢，且容易出错。

3.1.3.4.2　基于 photoshop 的手动拼接方法

在 photoshop 上进行手动拼接是最基本的方法，可用已保存的文件进行拼接，也可

图 3-14　photoshop 中的 photomerge 菜单

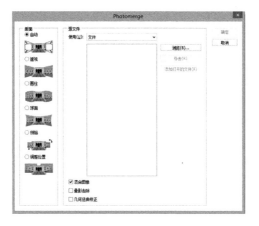

图 3-15　photoshop 中的 photomerge 对话框

直接在 google earth 上复制图片进行拼接，这里仅介绍在 google earth 直接复制图片，然后在 photoshop 上进行拼接的方法。

（1）打开 photoshop 软件，在"文件"菜单下点击"新建"，系统会弹出一个对话框（图 3-16）。将其中的宽度和高度分别设为 200cm 和 100cm，然后点击"确定"按钮，这样就建立了新的文件。界面如图 3-17。

图 3-16　photoshop 中新建文件对话框

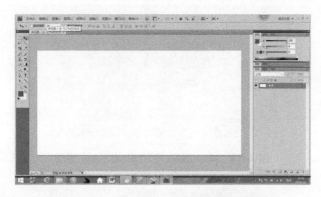

图 3-17　photoshop 中图像编辑主界面

（2）打开 google earth 软件，找到相应村的位置，调整适当的比例，此步骤与"图像抓取"相同，然后下拉"编辑"菜单，点击"复制图像"（图 3-18）。然后回到 photoshop 程序，下拉"编辑"菜单，点击"粘贴"（图 3-19）此时在 photoshop 主窗口上出现一幅影像（图 3-20），将该影像移到左上角。

图 3-18　google earth 中复制图像菜单

图 3-19　photoshop 中的"粘贴"图像菜单

（3）在 google earth 中移动屏幕，然后再下拉"编辑"菜单，点击"复制图像"，再回到 photoshop 程序，下拉"编辑"菜单，点击"粘贴"，主窗口出现第二幅影像时，仔细移动影像，与第一幅对齐。反复重复此步骤，直到下载拼接完毕。

注意：在下载和拼接过程中，可能会遇到很多问题，诸如对不齐，图像比例不匹配等问题，可参阅 photoshop 手册进行处理。

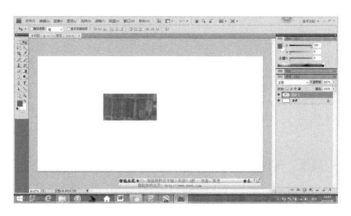

图 3-20 photoshop 中"粘贴"图像后的界面

拼接完成后，还在对合并图层，对图层进行裁剪等工作，如有必要，还可能图层进行色调、对比度、亮度等进行调整，直至得到一幅完整的影像（图 3-21）。

图 3-21 图像拼接完成后的界面

3.2 无人机航拍

无人机航拍是目前获得实时影像的最经济有效的方法，随着无人机技术的发展，无人机航拍越来越受到人们的欢迎。本节以大疆 phantom4 无人机为例，介绍使用无人机进行航拍作业工作。

大疆精灵4无人机的组成包括飞行器、遥控器、云台相机和控制软件四大部分，具体操作请参阅有关设备的操作手册，这里只介绍其基本操作。

3.2.1 大疆精灵4无人机概述

3.2.1.1 主要技术参数

起飞重量：1388g。

最大上升速度：6m/s（运动模式）；5m/s（定位模式）。

最大下降速度：4m/s（运动模式）；3m/s（定位模式）。

最大水平飞行速度：72km/h（运动模式）；58km/h（姿态模式）；50km/h（定位模式）。

最大起飞海拔高度：6000m。

飞行时间：约30min。

工作环境温度：0~40℃。

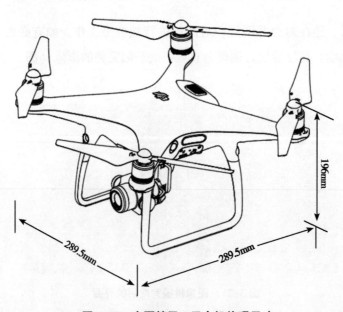

图3-22 大疆精灵4无人机外观尺寸

卫星定位模块：GPS/GLONASS双模。

工作频率：2.400~2.483GHz和5.725~5.825GHzH。

悬停精度：垂直时为±0.1m（视觉定位正常工作时）；±0.5m（GPS定位正常工作时）。

水平时为±0.3m（视觉定位正常工作时）；±1.5m（GPS 定位正常工作时）。

云台

可控转动范围：俯仰角度为-90°～+30°

视觉系统

速度测量范围：飞行速度≤50km/h（高度 2m，光照充足）。

高度测量范围：0～10m。

精确悬停范围：0～10m。

障碍物感知范围：0.7～30m。

使用环境：表面有丰富纹理，光照条件充足（环境数值>15Lux，室内日光灯正常照射环境）。

红外感知系统

障碍物感知范围：0.2～7m。

使用环境：表面为漫反射材质，且反射率>8%（如墙面、树木、人等）。

相机

影像传感器：1 英寸 CMOS；有效像素 2 000 万。

镜头：FOV84°；焦距 8.8mm（35mm 格式等效焦距：24mm）；光圈：f/2.8～f/11；带自动对焦（对焦距离 1m～∞）

ISO 范围：视频：100～3 200（自动），100～6 400（手动）；

照片：100～3 200（自动），100～12 800（手动）。

机械快门：8～1/2 000s。

电子快门：8～1/8 000s。

照片最大分辨率：5 472×3 648（3：2）；4 864×3 648（4：3）；5 472×3 078（16：9）。

照片拍摄模式：单张拍摄

多张连拍（BURST）：3/5/7/10/14 张；定时拍摄（间隔 2/3/5/7/10/15/30/60s）。

视频存储最大码流：100Mbps

支持文件系统：FAT32（≤32GB）；exFAT（>32GB）

图片格式：JPEG；RAW（DNG）；JPEG+RAW

支持存储卡类型：Micro SD 卡；最大支持容量 128BG。

工作环境温度：0～40℃。

遥控器

工作频率：2.400～2.483GHz 和 5.725～5.825GHzH。

信号最大有效距离：2.4GHz 为 7 000m（FCC）；3 500m（CE）；4 000m（SRRC）。5.8GHz 为 7 000m（FCC）；2 000m（CE）；5 000m（SRRC）。要求无干扰，无遮挡。

工作环境温度：0~40℃。

电池：6 000mAh 锂充电电池 2S。工作电流/电压：1.2A@7.4V

充电器

电压：17.4V。

额定功率：100W。

智能飞行电池（PH4-5870mAh-15.2V）：容量：5 870mAh；电压：15.2V；电池类型：LiPo4S；能量：89.2Wh；电池整体质量：468g；工作环境温度：-10~40℃；电大充电功率：100W。

3.2.1.2 飞行器的部件与名称

大疆精灵 4 无人机的结构参见图 3-23。

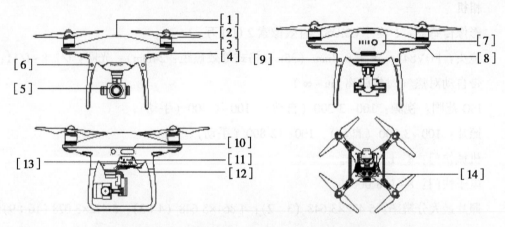

[1] GPS　[2] 螺旋桨　[3] 电机　[4] 机头 LED 指示灯

[5] 一体式云台相机　[6] 前视视觉系统　[7] 智能飞行电池　[8] 飞行器状态指示灯

[9] 后视视觉系统　[10] 红外感知系统　[11] 相机、对频状态指示灯/对频按键

[12] 调参接口（USB）　[13] 相机 SD 卡槽　[14] 下视视觉系统

图 3-23　大疆精灵 4 无人机组成

3.2.1.3 遥控器的部件与名称

遥控器的部件示于图 3-24。

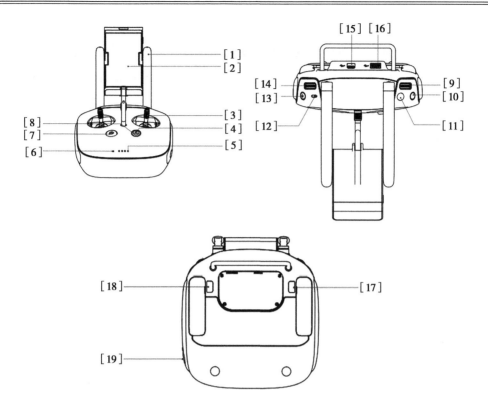

[1] 天线传输飞行器控制信号和图像信号 [2] 移动设备支架在此位置安装移动设备 [3] 摇杆在 DJI GO4 APP 中可设置摇杆的操控方式 [4] 智能返航按键长按返航按键进入返航模式 [5] 电池电量指示灯显示当前电池电量 [6] 控制器状态指示灯显示控制器连接状态 [7] 电源开关开启/关闭控制器电源 [8] 返航提示灯提示飞行器返航状态 [9] 相机设置转盘调整相机设置，选择回放相片与视频 [10] 智能飞行暂停键暂停智能飞行后飞行器将于原地悬停 [11] 拍照按键二段式快门，实现拍照功能 [12] 飞行模式切换开关 3 个挡位依次为：A 模式（姿态）S 模式（运动）P 模式（定位）[13] 录影按键启动或停止录影 [14] 云台俯仰控制轮调整云台俯仰角度 [15] MicroUSB 接口预留接口 [16] USB 接口连接移动设备以运行 DJI GO 4 APP [17] 自定义功能按键 C1 [18] 自定义功能按键 C2 [19] 充电接口用于控制器充电

图 3-24　遥控器的部件与名称

3.2.2　飞行器

大疆精灵 4 飞行器由飞控、通信系统、定位系统、动力系统以及智能飞行电池组成。本节主要介绍各系统的功能与使用方法。

3.2.2.1　飞行模式

大疆无人机有三种飞行模式，即 P 模式（定位）、S 模式（运动）和 A 模式（姿态）。通过控制器上的飞行模式开关可以切换飞行器的飞行模式。

3.2.2.1.1 P模式（定位）

在该模式下，使用GPS模块或多方位视觉系统以实现飞行器精确悬停，指定飞行以及其他智能飞行模式等功能，GPS信号良好时，利用GPS可精确定位；GPS信号欠佳时，光照条件满足视觉系统需求时，可利用视觉系统定位。在该模式下，开启前视避障功能且光照条件满足视觉系统需要时，最大飞行姿态角为25°，最大飞行速度为14m/s。未开启前视避障功能时，最大飞行姿态角为35°，最大飞行速度为16m/s。当GPS信号欠佳且光照条件不满足视觉系统需求时，飞行器不能精确悬停，仅提供姿态增稳，并且不支持智能飞行功能。

3.2.2.1.2 S模式（运动）

在该模式下，使用GPS模块或下视觉系统以实现精确悬停，该模式下飞行器的感度值被适当调高，务必格外谨慎飞行。飞行器最大水平速度可达20m/s。

请注意在使用S模式时，机身四周的视觉系统和红外感知系统不会生效，飞行器无法主动刹车和躲避障碍物，用户务必留意周围环境，手动操控飞行器躲避障碍物。

在使用S模式时，飞行器的飞行速度较P模式和A模式将大幅度提升，由此造成的刹车距离也将相应地大幅度增加，在无风的环境下，应预留至少50m的刹车距离，以保障飞行安全。

同时，在S模式下，飞行器的姿态控制灵敏度与P模式和A模式相比将大幅度提升，具体表现为，控制器上小幅度的操作都会导致飞行器产生大幅度的飞行动作。实际飞行时，应预留足够的飞行空间以保障飞行安全。新手最好不要使用该模式练习。

3.2.2.1.3 A模式（姿态）

在该模式下，不使用GPS与视觉系统进行定位，仅提供姿态增稳，若GPS信号良好，可实现返航。

在使用中，当GPS信号差或者指南针受到干扰，并且不满足视觉定位的条件下，系统会被动进入该模式。

在这种模式下，飞行器容易受外界干扰，从而在水平方向将会产生飘移，并且视觉系统以及部分智能飞行模式将无法使用。因此，在该模式下，飞行器自身无法实现定点悬停经及自主刹车，需要操作者手动操作控制器才能实现飞行器悬停。

在该模式下，飞行器的操控难度将大大增加，如需要使用该模式，务必熟悉该模式下飞行器的行为并且能熟练操控飞行器，使用时切勿将飞行器飞出较远的距离，以免因为距离过远而丧失对飞行器姿态的判断而造成危险。一旦被动进入该模式，则应当尽快降落到安全的位置，以免发生事故。

3.2.2.2　飞行器状态指示

飞行器状态指示是通过飞行器上的状态指示灯来指示的，指示灯的位置示于图 3-25。

图 3-25　飞行器状态指示灯位置示意

机头 LED 指示灯用于指示飞行器的机头方向，飞行器启动后，将会显示红灯常亮。尾部的飞行器状态指示灯指示当前飞控系统的状态。不同状态的指示内容如下：

红、绿、黄连续闪烁系统自检；

黄、绿灯交替闪烁预热；

绿灯慢闪 P 模式，使用 GPS 定位；

绿灯双闪 P 模式，使用视觉系统定位；

黄灯慢闪 A 模式，无 GPS 及视觉定位；

绿灯快闪刹车；

黄灯快闪遥控器信号中断；

红灯慢闪低电量报警；

红灯快闪严重低电量报警；

红灯间隔闪烁放置不平或传感器误差过大；

红灯常亮严重错误；

红、黄灯交替闪烁指南针数据错误，需校准。

3.2.2.3　自动返航

大疆精灵 4 系列飞行器具备自动返航功能，若起飞前成功记录了返航点，则当控制器与飞行器之间失去通信讯号时，飞行器将自动返回返航点并降落，以防止发生意外。大疆精灵 4 系列飞行器具有三种返航方式，分别是智能返航、智能低电量返航和失控返航。

在飞行器起飞时，如果 GPS 信号首次达到四格以上时，将记录飞行器当前位置为返航点，记录成功后，飞行器状态指示灯将快速闪烁若干次。

在自动返航过程中，如果前视视觉系统开启且环境条件允许，当机头前方遇到障碍物时，飞行器将自动爬升躲避障碍物，飞行器完成躲避障碍物后，将缓慢下降并飞向返航点。为确保机头朝向，此过程中操作者无法调整机头朝向、无法控制飞行器向左、右飞行。

3.2.2.3.1 失控返航

基于前视的双目立体视觉系统可在飞行过程中实时对飞行环境进行地图构建，并记录飞行轨迹。当飞行器遥控信号中断 3s 时，飞控系统将接管飞行器控制权，参考原飞行路径规划线路，控制飞行器返航。如果在返航过程中，无线信号恢复正常，飞行器将在当前位置悬停 10s 等待操作者选择是否继续返航。继续返航后操作者可以通过遥控器控制飞行速度和高度，也可短按控制器上的智能返航键以取消返航。

失控返航过程需要以下几个步骤。

(1) 记录返航点：飞行器状态指示灯绿灯慢闪。

(2) 确认返航点：飞行器状态指示灯绿灯快闪 6 次。

(3) 遥控器信号丢失，飞行器悬停：飞行器状态指示灯黄灯快闪。

(4) 信号丢失超过 3s，飞行器准备返航：飞行器状态指示灯黄灯快闪。

(5) 返航（返航高度可自定义）：飞行器状态指示灯黄灯快闪。当当前高度大于返航高度时，飞行器直接返航，当飞行器高度小于返航高度时，飞行器先上升，再返航。返航高度的设定是在 DJI GO4 APP 的相机界面，选择"🛩"图标进行设置的。

(6) 飞行器悬停 5s 后降落：飞行器状态指示灯黄灯快闪。

注意以下几点。

(1) 当 GPS 信号欠佳，GPS 信号三格以下，GPS 图标为灰色，或者 GPS 不工作时，无法实现返航。

(2) 返航过程中，当飞行器上升至 20m 以后但没有达到预设返航高度前，若操作者推动油门杆，飞行器会停止上升并从当前高度返航。若在飞行器水平距离返航点 20m 内触发返航，由于飞行器已经处于视距范围内，所以，飞行器将会从当前位置自动下降并降落，而不会爬升至返航高度。

(3) 自动返航过程中，若光照条件不符合前视视觉系统的要求，则飞行器无法躲避障碍物，但操作者可使用控制器控制飞行器速度和高度。所以，在起飞前务必先进入 DJI GO4 APP 的相机界面，选择"🛩"图标并设置适当的返航高度。

(4) 失控返航过程中，在飞行器上升到 20m 的高度前，飞行器不可控，但操作者可以通过取消返航重新获得控制权。

3.2.2.3.2　智能返航

智能返航模式是通过控制器智能返航按键或 DJI GO4 APP 中的相机界面来启动的，其返航过程与失控返航一致，区别在于操作者可通过打杆控制飞行器速度和高度躲避障碍物。启动后，飞行器状态指示灯仍按照当前飞行模式闪烁。智能返航过程中，飞行器可在最远 300m 处观察到障碍物，提前规划绕飞路径，智能地选择悬停或绕过障碍物。如果障碍物感知系统失效，用户仍能控制飞行器速度和高度，通过控制器上的智能返航键或 DJI GO4 APP 退出智能返航后，操作者可重新获得控制权。

3.2.2.3.3　智能低电量返航

智能飞行电池电量过低时，没有足够的电量返航，此时操作者应尽快降落飞行器，否则飞行器将会直接坠落，导致飞行器损坏或者引发其他危险。为了防止因电池电量不足而出现不必要的危险，大疆精灵 4 系列主控将会根据飞行的位置信息，智能地判断当前电量是否充足。若当前电量仅够完成返航过程，DJI GO4 APP 将提示操作者是否需要执行返航。若操作者在 10s 内不做选择，则 10s 后飞行器将自动进入返航。返航过程中可短按控制器上的智能返航键以取消返航过程。智能低电量返航在同一次飞行过程中仅出现一次。

若当前电量仅够实现降落，飞行器将强制下降，不可取消。返航和下降过程中均可通过控制器（若控制器信号正常）控制飞行器。

注意：当剩余电量仅足够安全返航时，飞行器状态指示灯红灯慢闪，此时在 DJI GO4 APP 界面上提示是否自动返航降落，若不做选择，10s 后飞行器将默认返航，操作者可选择立刻返航或取消返航。选择自动返航后，飞行器将自主返航，并在返航点上方 2m 处悬停等待操作者确认降落，操作者亦可在返航过程中重新获得控制权并自行降落，需要注意的是，重新获得控制权后，将不会再次出现低电量报警返航提示。

当剩余电量仅足够从当前高度降落时，飞行器状态指示灯红灯快闪，提示操作者正在强制降落，且不可取消，此时飞行器将缓慢处自行降落并停机。飞行器自动下降过程中也可以推油门杆使飞行器悬停，操控飞行器转移到更合适的地方再降落。

3.2.2.3.4　精准降落

飞行器在自动返航的过程中，当到达返航点上方后，开始匹配地面特征，一旦匹配成功则开始执行精准降落，使飞行器能够回到起飞点。精准降落过程中降落保护同时生效。

注意：飞行器仅在满足以下条件时才可实现精准降落。

（1）飞行器在起飞时记录返航点，飞行过程中未刷新返航点。

（2）飞行器起飞方式为垂直起飞，且起飞高度超过 7m。

（3）地面环境未发生动态变化。

（4）地面环境纹理不是太少（如雪地）。

（5）光线不是特别暗（如晚上）或强光照射。

在降落过程中，可使用控制器进行控制，下拉油门摇杆可加下下降速度；上推油门摇杆或者其他方式拨动摇杆都被视为放弃精准降落，飞行器将垂直下降，降落保护功能同时生效。

3.2.2.3.5 自动返航安全注意事项

（1）自动返航过程中，若光照条件不符合前视视觉系统要求，则飞行器无法躲避障碍物，但操作者可使用控制器控制飞行器速度和高度，所以在起飞前务必先在 DJI GO4 APP 的相机界面上，选择"图标"并设置适当的返航高度。

（2）自动返航（包括智能返航、智能低电量返航和失控返航）过程中，在飞行器上升到 20m 高度前，飞行器不可控，但操作者仍可以终止返航以停止上升过程。

（3）若飞行器水平距离返航点 20m 内触发返航，由于飞行器已经处于视距范围内，所以飞行器将会从当前位置自动下降并降落，而不会爬升至预设高度。

（4）当 GPS 信号欠佳（GPS 图标为灰色）或者 GPS 不工作时，不可使用自动返航。

（5）返航过程中，当飞行器上升至 20m 以上但没有达到预高返航高度前，若操作者推动油门杆，则飞行器将会停止上升，从当前高度返航。

3.2.2.3.6 返航避障过程

当光照满足飞行器前视视觉系统工作条件时，飞行器可实现返航避障。具体过程如下。

（1）飞行器可以在最远 300m 处观察障碍物，提前规划绕飞路径，智能地绕过障碍物。

（2）若机飞 15m 处检出障碍物，飞行器减速。

（3）减速至悬停后，飞行器将自动上升以躲避障碍物。在上升到障碍物上方 5m 处后，飞行器停止上升。

（4）退出上升状态，飞行器继续飞往返航点。

注意以下内容。

（1）返航的下降过程中，障碍物的感知功能不生效，请谨慎操作。

（2）前视视觉系统开启后，在智能返航过程中，为了确保机头朝向，操作者将无法使用控制器调整机头朝向。

（3）返航过程中，飞行器无法自动躲避位于飞行器上方、侧方与后方的障碍物。

3.2.2.3.7　降落保护功能

飞行器自主降落过程中，到达返航点上方时，降落保护功能生效，具体表现如下。

（1）若飞行器降落保护功能检测到地面可降落时，飞行器直接降落。

（2）若飞行器降落保护功能检测结果为不适合降落（例如为不平整地面或水面），飞行器悬停，等待操作者自主操作；即使严重低电量报警时，飞行器检测到不平整的面仍然会悬停，当电量为 0% 时，才开始下降，下降过程中依旧可以控制飞行器其他方向的飞行动作。

（3）若飞行器降落保护功能无法检测到地面情况时，则下降到离地面 0.3m 时，DJI GO4 APP 将提示操作者是否需要继续降落，操作者确认安全后，点击确认或者拉摇杆到底保持 2s，飞行器降落。

注意：在降落过程中发生以下情况，则降落保护功能无法检测。

（1）操作俯仰、横滚、油门杆过程中不做检测，松开摇杆后满足检测条件则重新进入检测。

（2）飞行器定位不准确（例如发生漂移）。

（3）下视视觉系统标定异常。

（4）光线情况不满足下视视觉系统使用条件。

在盲区前（距离障碍物 1m）下视视觉系统仍未得到有效的观测结果，则飞行器会降落到距离地面 0.3m 处，悬停等待操作者确认降落。

3.2.2.4　智能飞行

大疆精灵 4 无人机可设置多种智能飞行模式，有指点飞行、智能跟随、轨迹飞行、手势自拍和三脚架模式等，这里仅介绍与精准养分管理有关的指点飞行和轨迹飞行两种。

3.2.2.4.1　指点飞行

指点飞行是指操作者可通过点击 DJI GO4 APP 中相机界面的实景图，指定飞行器向所选目标区前进或倒退飞行，若光照条件良好，飞行器在指点飞行的过程中可以躲避前/后障碍物或悬停以进一步提升安全性。主要有以下步骤。

步骤一：启动指点飞行。

（1）设置飞行器处于 P 模式，启动飞行器，使飞行器起飞至离地面 2m 以上。

（2）进行 DJI GO4 APP 的相机界面，点击 📷 并选择 ⟡，指点飞行。

（3）轻触屏幕选定目标区域，直到屏幕出现 🅶🅾 图标，点击该图标后，飞行器则自行飞往目标方向。

在飞行器自行飞往◯图标锁定的方向，操作者可设置最大巡航速度，飞行过程中，飞行器会根据环境自动调节合适的巡航速度。飞行过程中若遇到障碍物时，飞行器会根据当前的飞行状态判断是否需要避障或悬停，另外，若飞行过程中控制器信号中断，飞行器会立刻退出指点飞行并进入失控返航程序。

指点飞行模式包括以下三点功能：

一是正向指点，即指定飞行器向所选目标方向前进飞行，前视视觉系统正常工作。

二是反向指点，即指定飞行器向所选目标方向倒退飞行，后视视觉系统正常工作。

三是自由朝向指点，即指定飞行器向所选目标方向前进飞行，此时偏航杆可以自由控制飞行航向，此模式下无视觉避障功能，需确保在空旷无遮挡环境下使用。

步骤二：退出指点飞行。

点击屏幕上的 图标，或者向后掰动控制器上的油门杆到底并保持 3s 以上，或者按下控制器上的"智动飞行暂停按钮"，飞行器会退出指点飞行。退出指点飞行后，飞行器将于原地悬停。操作者可重新选定指点飞行方向继续飞行。操作者启动智能返航或自动降落功能时，飞行器将退出指点飞行，立刻执行返航或降落。

注意：请勿指示飞行器向人、动物、细小物体（如树枝、电线等）或透明物体（如玻璃或水面）飞行；操作者指定的飞行方向与飞行器实际飞行方向可能存在误差；操作者在屏幕上可以指点飞行的范围是有限的，在靠近操作界面的上部或下部边缘区域点击时，可能无法进行指点飞行，此时 DJI GO4 APP 将提示无法执行指点飞行。

3.2.2.4.2 轨迹飞行

轨迹飞行模式是指允许操作者通过在相机界面画出任意飞行轨迹，可以指定飞行器沿自定义轨迹飞行的方式。若光照条件良好，飞行器在前方遇到障碍时会悬停经进一步提升飞行安全性。轨迹飞行的步骤如下。

步骤一：启动轨迹飞行

（1）设置飞行器处于 P 模式，启动飞行器，使飞行器起飞至离地面 2m 以上。

（2）进行 DJI GO4 APP 的相机界面，点击 并选择 ，轨迹飞行。

（3）在屏幕绘制飞行轨迹直到出现航线，点击 图标，飞行器将沿自定义轨迹飞行。

飞行器沿自定义航线飞行，操作者可设置最大巡航速度，飞行过程中，飞行器会根据环境自动调节合适的巡航速度。飞行过程中若遇到障碍物时，飞行器会根据当前的飞行状态判断是否需要避障或悬停，另外，若飞行过程中控制器信号中断，飞行器会立刻退出飞行并进入失控返航程序。

步骤二：退出轨迹飞行

点击屏幕上的 🅢 图标，或者向后掰动控制器上的油门杆到底并保持 8s 以上，或者按下控制器上的"智动飞行暂停按钮"，飞行器会退出轨迹飞行。退出轨迹飞行后，飞行器将于原地悬停。操作者可重新绘制飞行轨迹继续飞行。操作者启动智能返航或自动降落功能时，飞行器将退出轨迹飞行，立刻执行返航或降落。

注意：在自定义轨迹中请注意避开人、动物、细小物体（如树枝、电线等）或透明物体（如玻璃或水面）；操作者选定的飞行轨迹与飞行器实际飞行轨迹可能存在误差。

3.2.2.5　螺旋桨及安装方法

大疆精灵 4 无人机使用的是 9 吋快拆螺旋桨，其桨帽上的黑圈和银圈分别指示不同的旋转方向。

具体的安装方法是：准备一对有黑圈的螺旋桨和一对有银圈的螺旋桨，将印有黑圈的螺旋桨安装在带有黑点的电机桨座上，将印有银圈的螺旋桨安装在带有银点的电机桨座上。将桨帽嵌入电机桨座，并按压到底，沿锁紧方向旋转螺旋桨至无法继续旋转，松手后螺旋桨将弹起锁紧（图 3-26）。

图 3-26　螺旋桨安装方法

拆卸的具体方法：用力按压桨帽到底，然后沿螺旋桨所示解锁方向旋转螺旋桨即可拆卸。注意如下内容。

（1）由于桨片较薄，请小心操作以防意外划伤。

（2）请使用厂家提供的螺旋桨，不可混用不同型号的螺旋桨。

（3）螺旋桨为易耗品，如有需要请另行购买。

（4）每次飞行前请检查螺旋桨是否安装正确和紧固。

（5）每次飞行前请务必检查螺旋桨是否完好，如有老化、破损、变形，请更换后再飞行。

（6）请勿贴近旋转的螺旋桨和电机，以免割伤。

3.2.2.6　智能飞行电池

智能飞行电池是专门为大疆精灵 4 无人机设计的一款容量为 5 870 mAh、电压为

15.2V、带有充放电管理功能的电池（图3-27），该款电池采用全新的高性能电芯，采用先进的电池管理系统为飞行器提供充沛的电力，智能飞行电池必须使用大疆官方提供的专用充电器进行充电。

图3-27　智能飞行电池及充电器

3.2.2.6.1　智能飞行电池的功能

智能飞行电池具有以下功能。

（1）电量显示：电池自带电量指示灯，可以显示当前电池电量。

（2）电池存储自放电保护：电池电量大于65%，无任何操作存储10d后，电池可启动自动放电至65%电量，以保护电池。自动放电过程持续2~3d，期间无LED灯指示，可能会有轻微发热，属正常现象。保护启动时间参数可以通过DJI GO4 APP进行设置。

（3）平衡充电保护：自动平衡电池内部电芯电压，以保护电池。

（4）过充保护：过度充电会严重损伤电池，当电池充满后自动停止充电。

（5）充电温度保护：电池温度为5℃以下或40℃以上时，充电会损坏电池，在此温度时，电池将不启动充电。

（6）充电过流保护：大电流充电将严重损伤电池，当充电电流大于10.5A时，电池会停止充电。

（7）过放电保护：过度放电会严重损伤电池，当电池放电至12V时，电池会切断输出。

（8）短路保护：在电池检测到短路的情况下，会切断输出，以保护电池。

（9）电芯损坏检测：在电池检测到电芯损坏或者电芯严重不平衡的情况下，会提示电池已经损坏。

（10）休眠保护：当电池处于开启状态时，若未连接任何设备，电池在20min内会进入到休眠状态，以保持电量。

（11）通信功能：飞行器可能通过电池上的通信接口实时获得电池信息，例如电压、电量、电流等。

3.2.2.6.2　智能飞行电池的使用

（1）电启智能飞行电池：在关闭状态下，先短按电源开关一次，再长按电源开关

2s 以上，即开启电池，电池开启时，电源指示灯为绿灯常亮，电量指示灯显示当前电池电量。

（2）关闭智能飞行电池：在开启状态下，先短按电源开关一次，再长按电源开关 2s 以上，即可关闭电池。电池关闭后，指示灯均熄灭。

（3）查看电量：在智能飞行电池关闭状态下短按电源开关一次，可查看当前电量（图 3-28）。

电量指示灯				
LED1	LED2	LED3	LED4	当前电量
常亮	常亮	常亮	常亮	87.5%~100%
常亮	常亮	常亮	闪烁	75%~87.5%
常亮	常亮	常亮	熄灭	62.5%~75%
常亮	常亮	闪烁	熄灭	50%~62.5%
常亮	常亮	熄灭	熄灭	37.5%~50%
常亮	闪烁	熄灭	熄灭	25%~37.5%
常亮	熄灭	熄灭	熄灭	12.5%~25%
闪烁	熄灭	熄灭	熄灭	0%~12.5%
熄灭	熄灭	熄灭	熄灭	=0%

表示常亮；表示有规律闪烁；表示熄灭

图 3-28　智能飞行电池电量指示

3.2.2.6.3　智能飞行电池的充电

智能飞行电池的充电方法如下。

（1）连接充电器到交流电源（100~240V，50/60Hz）。

（2）在智能飞行电池开启或关闭状态下，连接智能飞行电池充电器。

（3）充电状态下智能飞行电池电量指示灯将会循环闪烁，并指示当前电量。

（4）电量指示灯全部熄灭时，表示智能飞行电池已充满，请取下智能飞行电池和充电器，完成充电。

（5）飞行结束后，智能飞行电池温度较高，须待智能飞行电池降至室温再对电池进行充电。

（6）智能飞行电池最佳充电范围为 5~40℃，若电芯的温度不在此范围内，电池管理系统将禁止充电。

在充电过程中，如果出现异常，会触发电池保护，其相关信息示于图 3-29。

注意：

（1）在首次使用智能飞行电池前，请务必将智能飞行电池电量充满。

（2）请勿在电源开启的情况下拆、装电池。

（3）确保电池安装电位，若 APP 提示电池未安装安到位，飞行器将不允许起飞。

充电指示灯					
LED1	LED2	LED3	LED4	显示规则	保护项目
🔲	🔅	🔲	🔲	LED2 每秒闪 2 次	充电电流过大
🔲	🔅	🔲	🔲	LED2 每秒闪 3 次	充电短路
🔲	🔲	🔅	🔲	LED3 每秒闪 2 次	充电过充导致电池电压过高
🔲	🔲	🔅	🔲	LED3 每秒闪 3 次	充电器电压过高
🔲	🔲	🔲	🔅	LED4 每秒闪 2 次	充电温度过低
🔲	🔲	🔲	🔅	LED4 每秒闪 3 次	充电温度过高

🔲 表示常亮；🔅 表示有规律闪烁；🔲 表示熄灭

图 3-29　充电异常信息指示

（4）在寒冷环境下飞行前，可将电池插入飞行器内预热 1~2min，当电池充分预热后再起飞。

（5）若电池当前电量高于 95% 时，需要开启电池才能充电。

3.2.3　遥控器

本节以大疆 Phantom 4 Pro 和 Phantom 4 Pro V2.0（型号：GL300F/E）为例介绍遥控器的功能与使用方法。

3.2.3.1　遥控器的操作

3.2.3.1.1　遥控器的开启与关闭

大疆 Phantom 4 Pro 遥控器内置容量为 6000mAh 的大容量可充电电池，可通过电池电量指示灯查看当前电量。按以下步骤开启遥控器。

（1）短按一次电源开关可查看当前电量，若电量不足请给遥控器充电。

（2）短按一次电源开关，然后再长按电源开关 2s 以上以开启遥控器。

（3）遥控器提示音可提示遥控器状态。遥控器状态指示灯绿灯常亮表示连接成功。

（4）使用完毕后，短按一次电源开关，然后再长按电源开关 2s 以上以关闭遥控器。

3.2.3.1.2　遥控器充电

操作者可通过标配的充电器对遥控器进行充电（图 3-30），请勿同时对遥控器与智能飞行电池进行充电。

3.2.3.1.3　相机控制

操作者可通过遥控器上的"拍照按键""录影按键"和"相机设置转盘"（图 3-31）实时操控相机。

（1）相机设置转盘。在飞行过程中，可配合 DJI GO 4 APP 的使用，通过相机设置

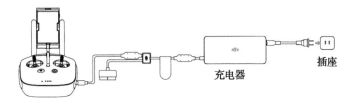

图 3-30　遥控器充电连接示意

转盘可快速对相机参数进行设置，拨动转盘可以选择所需设置的参数，按下转盘可切换至下一项设置。

（2）拍照按键。按下该键可以拍摄照片，通过 DJI GO 4 APP 可选择单张、多张或者定时拍摄模式。

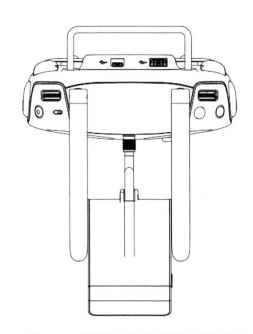

图 3-31　遥控器上的控制相机按钮与转盘

（3）录影按键。按下录影按键，开始录影，再次按下该键停止录影。

（4）云台俯仰控制拨轮。可控制相机的俯仰拍摄角度，顺时针拨动拨轮，云台向上转动；逆时针拨动拨轮，云台向下转动。

3.2.3.1.4　操控飞行器

通过遥控器上的摇杆可操控飞行器，操控方式分为美国手、日本手和中国手三种，遥控器出厂时默认操控模式为美国手（Mode 2），该模式可通过 DJI GO 4 APP 进行切换，本节以中国手为例介绍对飞行器的操控，在中国手模式下，摇杆的功能示于图

3-32。

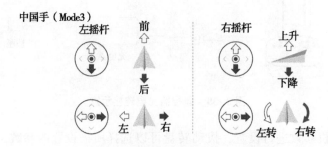

图3-32　中国手模式下的遥控器摇杆功能

（1）油门摇杆：油门摇杆用于控制飞行器升降，往上推杆，飞行器升高，往下拉杆，飞行器降低，中位时，飞行器的高度保持不变（自动定高）。飞行器起飞时，必须将油门杆推过中位，飞行器才能离地起飞（请缓慢推杆，以防飞行器突然急速上冲）。

（2）偏航杆：用于控制飞行器航向。往左打杆，飞行器逆时针旋转，往右打杆，飞行器顺时针旋转。中位时，旋转角速度为零，飞行器不旋转。摇杆杆量对应飞行器的角速度，杆量越大，旋转的角速度越大。

中国手时，油门摇杆和偏航杆是在遥控器右边的操纵杆上。

（3）俯仰杆：俯仰杆用于控制飞行器的前后飞行。往上推杆，飞行器向前倾斜，并向前飞行。往下拉杆，飞行器向后倾斜，并向后飞行，中位时，飞行器的前后保持水平。摇杆量对应飞行器的前后倾斜的角度，杆量越大，倾斜的角度越大，飞行的速度也越快。

（4）横滚杆：横滚杆用于控制飞行器左右飞行，往左打杆，飞行器向左倾斜，并向左飞。往右打杆，飞行器向右倾斜，并向右飞行。中位时，飞行器的左右方向保持水平。摇杆量对应飞行的左右倾斜角度，杆量越大，倾斜的角度越大，飞行的速度也越快。

中国手时，俯仰杆和横滚杆在遥控器的左边。

另外，遥控器上有一个"智能飞行暂停按钮"，按下该按钮，飞行器退出智能飞行，飞行器将于原地悬停。

3.2.3.1.5　遥控器的摇杆调整

操作者可能根据操控习惯，调节摇杆长度，适当的摇杆长度，可以提高其操控的精准性（图3-33）。

3.2.3.1.6　飞行模式切换开关

在遥控器的左上方，在一个飞行模式切换开关（图3-34）。拨动该开关以改变飞

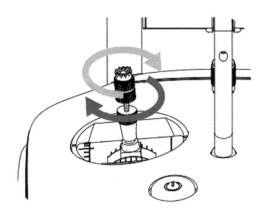

图 3-33　摇杆长度调节示意

行器的飞行控制模式，开关上有 P、S、A 三个位置，分别代表 P 模式（定位）、S 模式（运动）和 A 模式（姿态）。有关三种模式的控制方式已在 3.2.2.1 节中阐述，这里不再赘述。

飞行模式的切换开关默认锁定于 P 模式，如需要不同的飞行模式之间切换，需进入 DJI GO 4 APP 的相机界面，点击"✖"图标，打开"允许切换飞行模式"以解除锁定，否则，即使飞行模式切换开关处于 S 挡位置，飞行器仍按 P 模式飞行，且 DJI GO 4 APP 不出现智能飞行选项，解除锁定后，再将飞行模式切换开关从 P 挡切换到 S 挡，才能进入 S 模式飞行。

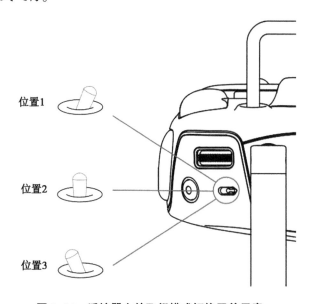

图 3-34　遥控器上的飞行模式切换开关示意

3.2.3.1.7　智能返航键

遥控器上有一个智能返航键（图3-35）。长按该键直至鸣器发生"嘀嘀"音后，激活智能返航功能，返航指示灯白灯常亮表示飞行器正在进入返航模式，飞行器将返航至最近记录的返航点。在返航过程中，操作者仍然可以通过遥控器控制飞行。短按一次该键将结束返航，重新获得飞行器控制权。

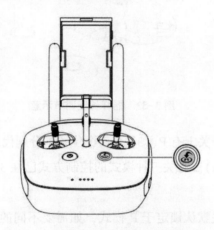

图3-35　遥控器上智能返航键位置示意

3.2.3.1.8　连接移动设备

Phamtom 4 Pro 遥控器需要通过 USB 接口连接移动设备（手机或 Pad），将安装了 DJI GO 4 APP 的移动设备用数据线与遥控器背部的 USB 接口连接，并将移动设备安装在移动设备支架上，调整移动设备支架的位置，确保移动设备安装牢固（图3-36）。

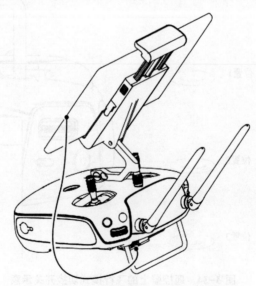

图3-36　遥控器与移动设备连接示意

3.2.3.2　遥控器的信号范围

遥控器信号的最佳通信范围示于图 3-37。

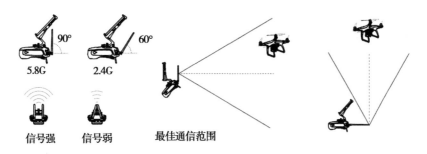

图 3-37　遥控器信号的最佳范围示意

操控飞行器时，务必使飞行器处于最佳通信范围内，及时调整操控者与飞行器之间的方位与距离，或无线位置以确保飞行器总是处于最佳通信范围内。

3.2.3.3　遥控器指示灯信息

遥控器面板上分别安装了状态指示灯以及返航提示灯（图 3-38）。

图 3-38　遥控器指示灯位置示意

遥控器状态指示灯显示遥控器连接状态，返航指示灯显示飞行器的返航状态。

状态指示灯的提示具体如下。

（1）红灯常亮，有开机音：表示遥控器未与飞行器连接。

（2）绿灯常亮，有开机音：表示遥控器与飞行器连接正常。

（3）红灯慢闪，有"嘀、嘀、嘀"音：表示遥控器错误。

（4）红绿/红黄交替闪烁：无开机音：图传信号受到干扰。

（5）红灯快闪，有报警提示音：表示遥控器电池严重不足。

返航提示灯的提示具体如下。

（1）白灯常亮：长按以开启自动返航功能，并有开启音。

（2）白灯闪烁，有"嘀……"长音：请求返航。

（3）白灯闪烁，的"嘀、嘀、嘀"音：返航正在生效或者飞行器自动下降中。

3.2.3.4　遥控器对频

出厂时，遥控器与飞行器内置的接收机已完成对频，通电后即可使用，如果更换遥控器，需要重新对频才能使用，对频步骤如下。

（1）先开启遥控器，连接移动设备。然后开启智能飞行电池电源，运行 DJI GO 4 APP（图3-39）。

（2）选择"开始飞行"，进入相机界面（图3-40），点击"🎮ᵢₗₗᵢ"图标（图3-41），然后点击"遥控器对频"按钮。

图 3-39　DJI GO 4 开启界面

图 3-40　DJI GO 4 相机界面

（3）在 DJI GO 4 APP 上显示对话框（图3-42）上点击"确定"，此时显示倒数对话框（图3-43），遥控器状态指示灯显示蓝灯闪烁，并且发出"嘀、嘀"提示音。

（4）使用合适工具按下飞行器上的对频按键（图3-44）后松开，等待几秒钟后完成对频，对频成功后，遥控器指示灯显示绿色常亮。

图 3-41　对频提示框

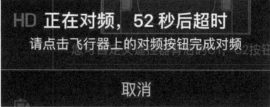

图 3-42　对频确认对话框　　　　　图 3-43　对频倒数对话框

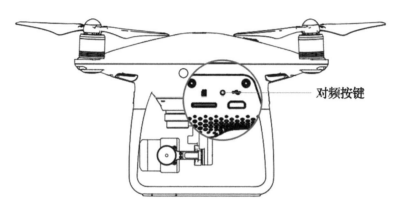

对频按键

图 3-44　飞行器上对频按键位置示意

3.2.4　云台相机

3.2.4.1　相机

Phantom 4 Pro 相机采用 1 吋（13.2mm×8.8mm）的 CMOS 传感器，具有 2 000 万有效像素，配备 24mm（35mm 格式等效）低畸变广角镜头，采用蓝玻璃滤光片，能有效提升画质，标配 UV 镜片以保护镜头。

录制视频时，Phantom 4 Pro 支持高达每秒 60 帧的 4K 超高清视频录像，提供 4 倍于全高清分辨率的影像细节，同时支持 HEVC（H.265）t MPDG-4 AVC（H.264）格式，并能以 100Mbps 的高码流实现高质量的视频录制。

拍摄照片时，Phantom 4 Pro 支持最高 2 000 万像素的静态照片拍摄，应用先进的图像处理技术输出优质的图片。支持多种拍摄模式，包括单拍、多张连拍和定时拍摄。多张连拍支持极速连拍和自动包围曝光两种模式，最高可过 14 张/s。相机支持机械快门，最高速度棕 1/2 000s，能够解决卷帘快门在拍摄快速运动物体时产生的形变。

3.2.4.1.1　相机 Micro SD 卡槽

相机 Micro SD 卡槽位于飞行器机身（图 3-45）。Phantom 4 Pro 标配容量为 16GB 的

Micro SD 卡，可支持最高容量为 128GB 的 Micro SD 卡。由于相机要求快速写高流码的视频数据，请使用 Class 10 或 UHS-1 及以上规格的 Micro SD 卡，以保证 UHD 视频正常录制，操作者也可通过 SD 读卡器读取相片或视频数据。

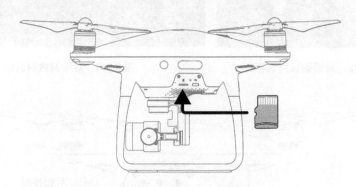

图 3-45　相机 Micro SD 卡槽位置示意

注意：请勿在飞行器拍摄过程中插入或拨出 SD 卡，否则得到的数据文件可能会受损或丢失。为了保证相机系统的稳定性，单次录像时间限制在 30min 以内为宜。

3.2.4.1.2　相机状态指示灯

当开启飞行器智能飞行电池后，相机状态指示灯将亮起，操作者可以通过相机状态指示灯来判断当前相机的状态。

(1) 绿灯快闪：系统启动中。

(2) 绿灯常亮：工作正常。

(3) 绿灯单闪：单张拍照。

(4) 绿灯连续 3 闪：连拍。

(5) 红灯慢闪：录影。

(6) 红灯快闪：Micro SD 卡故障。

(7) 红灯双闪：相机热。

(8) 经灯常亮：严重故障。

(9) 绿红灯交替闪烁：固件正在升级。

3.2.4.2　云台

大疆精灵 4 无人机使用三轴稳定云台为相机提供稳定的平台，使得在飞行器高速飞行的状态下，相机也能拍摄出稳定的画面。通过遥控器的云台俯仰拨轮调整俯仰角度，也可以 DJI GO 4 APP 相机界面长按屏幕直至出现蓝色光圈，通过拖动光圈调整云台角度。

俯仰方向可控角度为-90°至+30°（图 3-46），默认控制角度为-90°至 0°，在 DJI

GO 4 APP 上可设置控制角度为+30°。

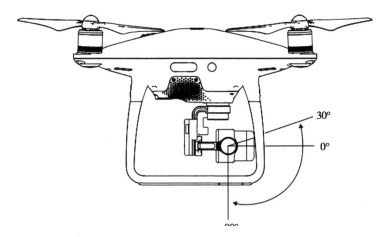

图 3-46　云台角度控制示意

云台可用两种模式工作，以适应不同的拍摄需求，操作者可通过 DJI GO 4 APP 调整云台的工作模式。

（1）跟随模式：云台水平转动方向随飞行器移动，而云台横滚方向不可控，操作者可控制云台俯仰角度。

（2）FPV 模式：云台横滚方向的运动自动跟随飞行器横滚方向的运动而改变，以取得第一人称的视角飞行体验。

需注意以下事项。

（1）请务必在电源开启前拆掉云台锁扣。

（2）云台电机异常可能是由于飞行器在凹凸不平的地面或草地上时地面物体碰到云台，或者云台受到过大的外力作用所致（例如碰撞或被掰动）。

（3）起飞前请将飞行器放置在平坦开阔的地面上，请勿在电源开启后碰撞云台。

（4）在大雾或云中飞行时，可导致云台结露，导致临时故障，若出现此状况，云台干燥后即可恢复正常。

（5）云台开机启动时，可能发出短暂的振动提示音，此为正常现象。

（6）在曝光时间较短（小于1/200s）或大角度飞行的情况下，由于空气动力原因飞行器的气动振动会增大，云台受风力影响可能会使画面产生肉眼可注意到的动态变形（即"果冻现象"）。对于这类场景，建议使作减光镜哐收缩镜头光圈等方式增长曝光时间，或降低打杆幅度飞行，以获得更好的画面效果。

3.2.5　飞控软件 DJI GO 4 APP

飞控软件 DJI GO 4 APP 是专为大疆产量而设计的，操作者可能通过点击该软件来操作 Phantom 4 Pro 的云台和相机，控制拍摄、录影以及设置飞行参数，还可以直接分享所拍摄的照片与视频到社交网络，为配合高清图传使用，推荐在平板设备或大屏幕手机上安装使用，以获得最佳的视觉体验。

3.2.5.1　界面说明

在平板设备上安装了 DJI GO 4 APP 后，点击"　"图标，即可进入 DJI GO 4 APP 该软件的启动界面（图 3-39），设备自检，自检完成后点击屏幕右下方的"开始飞行"，系统进入相机界面（图 3-47）。

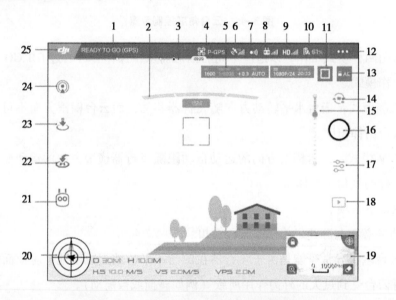

图 3-47　DJI GO 4 APP 的相机界面示意

（1）飞行器状态提示栏。

起飞准备完毕（GPS）：显示飞行器的飞行状态以及各种警示信息。

（2）障碍物提示。

：指示不同方向上飞行器与障碍物的距离，红色、橙色、黄色依次指示由近到远与障碍物的相对距离。

（3）智能飞行电池电量。

：实时显示当前智能飞行电池剩余电量及可飞行时间。电池电量进度条上的不同颜色区间表示不同的电量状态。当电量低于报警阈值时，电池图标变成红色，提醒操作者尽快降落飞行器并更换电池。

（4）飞行模式。

⌘：显示当前飞行模式。点击进入飞控设置菜单，可进行飞行器返航点、限高、限远等基础设置及感度参数调节等高级设置。

（5）相机参数。

1600 1/8000 +0.3 AUTO 1080P/24 20:33：显示相机当前拍照/录像参数及剩余可拍摄容量。

（6）GPS 状态。

📡▂▃▄▅：用于显示 GPS 信号强弱。

（7）障碍物感知功能状态。

●))）：用于显示障碍物感知功能是否正常工作。点击可进入更多关于障碍物感知功能的设置操作。

（8）遥控链路信号质量。

📶▂▃▄▅：显示遥控器与飞行器之间的遥控信号的质量。点击可进入更多关于遥控器的设置操作。

（9）高清图传链路信号质量。

HD ▂▃▄▅：显示飞行器与遥控器之间高清图传链路信号质量。点击可进入更多高清图传链路的设置操作。

（10）电池设置。

⚡61%：实时显示当前智能飞行电池剩余电量。点击可设置低电量报警阈值，并查看电池信息。可设置存储自动放电启动时间。当飞行时发生电池电流过高、放电短路、放电温度过高、放电温度过低、电芯损坏等异常情况，界面会实时显示。

（11）对焦/测光切换按键。

□/⊙：点击按键可切换对焦/测光模式，在相关模式下单击屏幕画面可进行对焦/测光。

（12）通用设置按键。

●●●：点击按键可打开通用设置菜单，可设置参数单位、直播平台、航线显示等。

（13）自动曝光锁定。

🔒AE：点击按键可锁定当前曝光值

（14）拍照/录影切换按键。

：点击按键可切换拍照或录影模式。

（15）云台角度提示。

：显示云台当前俯仰角度。

（16）拍照/录影按键。

／：点击该按键可触发相机拍照或开始/停止录影，录影时按下方显示时间码表示当前录影的时间长度，与遥控器上的拍照/录影按键功能相同。

（17）拍摄参数按键。

：点击该按键可设置拍照与录影的各项参数，如相机的 ISO、快门、曝光补偿参数，以及录影的色彩模式、录影文件格式等参数。

（18）回放按键。

：点击回放按键可查看已拍摄的照片及视频。

（19）地图缩略图标。

点击该图标可切换到地图界面。

（20）飞行状态参数。

飞行姿态图标及雷达功能。飞行姿态图标用于实时显示飞行器的飞行姿态。其中：

红色飞行图标代表飞行器。

浅灰色和蓝色的比例表示飞行器的前后倾斜角度。

浅灰色和蓝色分界线的倾斜程度表示飞行器的左右倾斜角度。

飞行参数如下。

距离：飞行器与返航点水平方向的距离。

高度：飞行器与返航点垂直方向的距离。

水平速度：飞行器在水平方向的飞行速度。

垂直速度：飞行器在垂直方向的飞行速度。

飞行距离图标。实时显示飞行器与操控者水平方向的距离。当飞行器距离地面较近时，将切换显示飞行器距离地面的高度。

（21）智能飞行模式。

：显示当前飞行模式。点击选择不同的智能飞行模式。

（22）智能返航。

：点击此按键，飞行器将立即自动返航并关闭电机。

（23）自动起飞/降落。

/ ：点击此按键，飞行器将自动起飞或降落。

（24）直播。

：当出现直播图标时，表示当前航拍画面正被共享至 YouTube 直播页面。使用该功能前，请确认移动设备已开通移动数据服务。

（25）主界面。

DJI：轻触此按键，返回主界面。

3.2.5.2　参数设置

根据相机界面的图标，大致分为两类，一类是指示性图标，另一类是设置图标。当点击设置图标时，会出现设置对话框，使操作者对飞行控制、相机、云台等地行设置。点击屏幕上方的"　"图标，将出现大部分设置界面（图 3-48）。在参数设置界面上，侧栏是 7 种不同种类的参数设置。

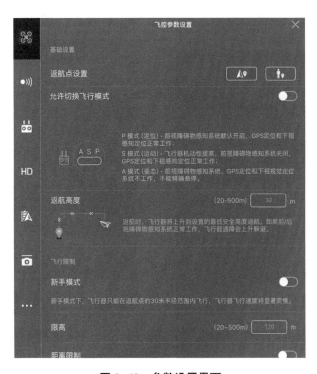

图 3-48　参数设置界面

3.2.5.2.1 飞行参数设置

点击参数设置界上侧位的"❀"图标，进入飞行参数设置（实际上，在进入参数设置界面时，系统会自动进入飞行参数设置）。

飞行参数设置包括三部分内容。

（1）基础设置。

航点设置

航点设置包括两个内容：一是当前位置设置为返航点，二是设置其他位置为返航点。

点击"❚▲❚"图标，系统会出现一个对话框（图3-49），如果将当前位置设为返航点，点击"确定"即可。当设置其他地方为返航点时，点击"❚↑❚"图标，系统出现一个对话框（图3-50）。移动图标，将选定地方作为返航点，然后点击"确定"即可。

允许切换飞行模式

该设置仅是一个开关，即允许和禁止，当开关处于左边时是禁止状态，而开关处于右边时是允许状态。有关遥控器的"3.2.3.1.6 飞行模式切换开关"节中已经阐述。

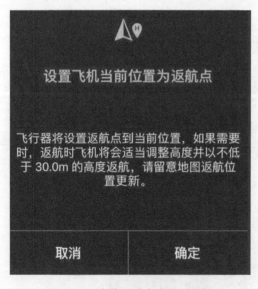

图3-49 当前返航点确定对话框

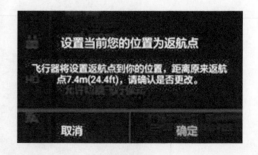

图3-50

返航高度

返航高度是指返航时，飞行器将上升到设置的最低安全高度返航，如果前/后视障碍物感知系统正常，飞行器遇障会上升躲避。返航高度在20~500m范围内设置。点击

右侧的数字方框 **30** ，输入数字即可。

（2）飞行限制。

新手模式

当操作者是初学时，可设置为"新手模式"，在新手模式下，飞行器只能在返航点的 30m 半径内飞行，限高为 30m。飞行器飞行速度显著变慢。该设置是开关设置，打开或关闭即可。

限高

当新手模式开启时，则不能设该项，只能在 30m 以下飞行。当新手模式关闭时，可以在数字方框 **30** 内输入数字即可。

距离限制

当新手模式开启时，则不能设该项，只能在 30m 以内飞行。当新手模式关闭时，可以打开距离限制开关，在数字方框 **30** 内设置距离限制，在 15～3 000 范围内输入数字即可。当距离限制开关关闭时，则不限制飞行距离，请在安全距离范围内飞行。

（3）高级设置。

高级设置分为三部分：即第一部分是操控手感设置，包括 EXP、灵敏度、感度三个方面。第二部分是传感器状态显示，其中包括 IMU 和指南针，当准态为"差"时，需要重新校正。第三部分有两项，一项是失控行为设置：可设置为返航、下降或悬停。第二项是打开机头指示灯：打开时，前机头红色指示灯开启，关闭时，前机头红色指示灯关闭。

3.2.5.2.2 感知设置

点击参数设置界机侧栏上的" ●))) "图标，可进入感知设置界面（图3-51A）。

感知设置包括 6 项，均为开关设置。每项设置的说明均在设置界面上，按说明设置即可。注意，为了保障安全飞行，其中"启用视觉避障功能""智能跟随时主动避障（飞行器将绕开障碍物）""显示雷达图"，及高级功能中的"启用视觉定位""返航障碍物检测"等功能最好处于开启状态。

3.2.5.2.3 遥控器设置

点击参数设置界面左侧栏中的"🙂"图标，进入遥控器设置界面（图3-51B）。

（1）遥控器校准。遥控器校准主要是指遥控器摇杆的校准。点击"遥控器校准"栏，进行"遥控器校准"界面（图3-52）。

点击"校准"，然后拨动遥控器摇杆，在图上显示拨动摇杆的比例，反复几次即可。

图 3-51A 感知设置界面

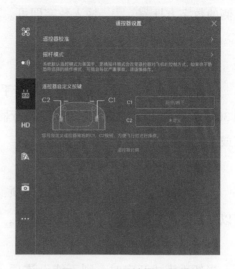

图 3-51B 遥控器设置界面

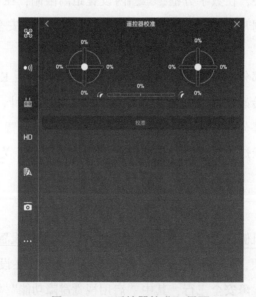

图 3-52 "遥控器校准"界面

（2）摇杆模式。点击"摇杆模式"栏，系统进入"摇杆模式"选择界面（图 3-53）。

选择需要设置的遥杆模式，下面是所选择摇杆模式的详细说明，选择后返回即可。这时，遥控器的摇杆操作即按设置的生效。

（3）遥控器自定义键。在遥控器后方，有两个键，操作者可以自己定义其功能。直接在遥控器设置界面上，点击 C1 或 C2 后的方框，选择其功能即可。

（4）遥控器对频。关于遥控器对频已在"3.2.3.3 遥控器对频"段中阐述。

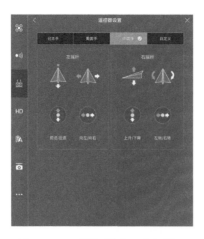

图 3-53　"摇杆模式"选择界面

3.2.5.2.4　图传设置

点击参数设置界面左侧栏中的"HD"图标，系统进入"图传设置"界面（图 3-54A）。

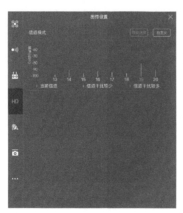

图 3-54A　"图传设置"界面

在该界面上，显示不同信道的状态。如果当前信道干扰较大时，可按 自定义 框，自行选择信道，下边同时显示该信道的图像传输质量。

3.2.5.2.5　智能电池设置

点击参数设置界面左侧栏中的"🔋61%"图标，系统进入"智能电池设置"界面（图 3-54B）。

在该界面上，除显示电池状态和飞行时间外，可以设置严重低电量报警、低电量报警、低电量智能返航、开始自放电时间、主屏幕显示电压，同时点击"电池详细信息"栏，可显示智能飞行电池的当前状态、循环次数、SN 号及生产日期等信息。

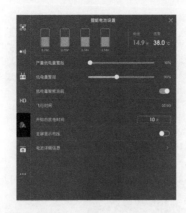

图 3-54B　"智能电池设置"界面

3.2.5.2.6　云台设置

点击参数设置界面左侧栏中的"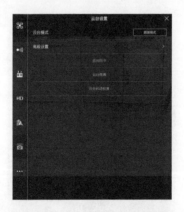"图标，系统进入"云台设置"界面（图 3-55）。

图 3-55　"云台设置"界面

在该界面下，设置云台模式和其他高级设置。

（1）云台模式设置。点击云台设置界面上的点击云台模式栏右边的方框，可选择"跟随模式"和"FPV 模式"。这里，"跟随模式"是指俯仰轴、平移轴会跟随，横滚轴锁定。而"FPV 模式"是指三个轴都跟随。

（2）高级设置。在云台的高级设置中，主要包括云台回中、云台微调及云台自动校准。

点击"云台回中"栏，飞行器上的云台回到中位。点击"云台微调"栏，屏幕上出现微调界面，（图 3-56），按动两边按钮，将云台调至水平即可。

点击"云台自动校准"栏，系统弹出一个提示框，提示将飞机在地面上，并保持

图 3-56　云台水平微调界面

水平。按"确定"键后云台会开始自动校准。按"确定"键后，系统开始自动校准，并出现云台自动校准进度提示，校准结束即可。

3.2.5.2.7　通用设置

点击参数设置界面左侧栏中的"●●●"图标，系统进入"通用设置"界面（图3-57）。

图 3-57　"通用设置"界面

根据界面提示，可设置单位、视频直播、显示航线、坐标纠正（中国大陆地区使用）、后台缓存地图、清除航线、录像时进行缓存、缓存视频时同时录音、最大视频缓存容量、自动清理缓存、删除全部视频缓存、提示信息记录、设备名称、全屏进入方式及飞行器、遥控器版本更新、飞行安全精准数据库和飞行安全基础数据库更新提示、飞控序列号等信息与设置。

3.2.5.3　拍摄参数设置

注意，拍摄参数设置分为拍照参数和录影参数两部分，点击相机界面右面的拍摄/录影"⊙/"图标，在拍照状态时，所设置的参数为拍照参数，在录影状态时，所设置的参数为录影参数。这时以拍照状态为例介绍拍摄参数设置。

在拍照"📷"状态下，点击相机界面的"⚙"图标，可弹出拍照参数设置窗口（图3-58）。

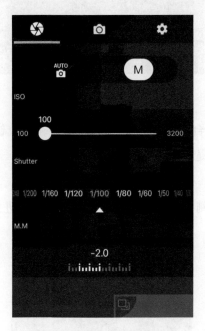

图3-58　拍摄参数设置窗口

该项设置共有三个方面，即曝光参数、图片参数和设置参数，分别以🔧、📷、⚙表示。

3.2.5.3.1　曝光参数设置

点击拍拍摄参数设置窗口上的🔧图标，显示界面如图3-58。这里有两种设置。

一种是自动参数设置，点击📷图标即可，下方显示的是自动曝光的参数值。注意：在自动曝光参数设置中，EV值（曝光补偿）需要手动设定。按两边的"－"和"＋"号即可改变EV值。

另一种是手动曝光参数设置，点击"M"图标即进入设置页面，首先设定ISO，即感光度，从100、200、400、800、1 600五个档次。数值越小，感光度越低；数值越大，感光度越高。在拍摄当中，感光度越高需要的光线强度越低，但随着感光度的增高，画面质量会逐渐下降。

接下来设置Shutter（快门速度），可在8s至1/8 000s之间设置。在手动曝光参数情况下，EV值不能再设定。

3.2.5.3.2　图片参数设置

点击拍拍摄参数设置窗口上的📷图标，进入图片参数设置界面（图3-59）。

图 3-59　参数设置界面

图片参数设置共有 6 项。

（1）拍照模式。

点击该栏，可进入拍摄模式设置界面（图 3-60）。可设置如下。

单拍：即每按动一次遥控器上的拍照按钮或 DJI GO 4 APP 界面上的拍照图标"⬜"，拍一张照片。

HDR 拍摄：它的全程是 High-Dynamic Range，中文翻译：高动态范围，在拍摄场景最明亮和最暗部分相差特别大的场景下，开启 HDR 后相机会连拍三张照片，分别对应欠曝光、正常曝光和过度曝光，然后把这三张图片自动合到一块，并且突出每张照片最好的部分，从而生成一张精妙绝伦的照片。

连拍：可设置分别连续拍照 3、5、7 张。

AEB 连拍：是包围曝光拍摄，可选连续拍 3 张和 5 张两种。

定时拍摄：分别以间隔 2、3、5、7、10、15、20、30、60s 9 种间隔拍照。

（2）照片尺寸。

可选择 4：3 和 16：9 两种。

（3）照片格式。

可选择 RAW、JPEG、JPEG+RAW 三种模式。

（4）白平衡。

可选择自动、晴天、阴天、白炽灯、荧光灯和自定义 6 种，选择自定义时，按两边的"–"和"+"号改变色温，从 2 000~10 000 K 设定，色温越低，色调越偏蓝，色

图3-60 拍摄模式设置界面

温越高，色调越偏红。

（5）风格。

可选择标准、风光、柔和和自定义4种。

（6）色彩。

可选择D-Cinelike、D-Log、普通、TrueColor、艺术、黑白、鲜艳、海滩、梦幻、经典、怀旧等11种色彩的照片。

3.2.5.3.3 设置参数

点击拍摄参数设置窗口上的 ⚙ 图标，进入参数设置界面（图3-61）。

该项设置中包括：

（1）直方图显示开关。该开关开启时，在相机界面上实时显示取景器中的图片直方图（图3-62）。操作者可在屏幕上点击"✕"关闭直方图显示。

（2）自动关闭机头指示灯。

在机头指示灯开启的情况下，该开关设置为开时，当拍摄时，机头指示灯将自动关闭。该开关设置为关闭时，拍摄时不关闭机头指示灯。

（3）过曝提示。

当该开关开启时，画面上过度曝光部分（明亮部分）会出现黑白相间的带状提示。

图 3-61 参数设置界面

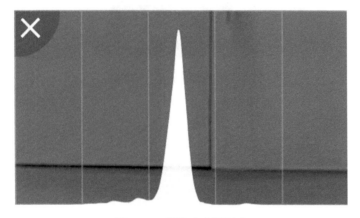

图 3-62 图片直方图示意

（4）智能降噪。

开启时，可降低画面噪声。

（5）视频字幕。

（6）网格。

该项有三种设置，即屏幕上无网格、矩形网格和矩形网格+对角线网格三种。

（7）中心点。

在屏幕上提示中心点，在多种图标和颜色可供选择。

（8）抗闪烁。

可自动取消画面的闪烁状态，可选择自动、50Hz、60Hz的闪烁状况。

（9）文件序号模式。

可选择复位和连续记录两种模式。

（10）重置相机参数。

点击该项时，系统会提示"重置相机参数后相机需要重启，请确认"，如果要重置，点击"确认"即可，相机参数全部重置为默认值。

3.2.5.4 智能飞行模式设置

点击相机界面上左侧的"👾"图标，系统弹出一个智能飞行模式设置窗口（图3-63）。操作者如果是新手，则可将下方的"新手模式"开关开启，进入新手模式。如果是作业飞行，可选择普通、智能跟随、指点飞行、智能绕点、热点跟随和航点飞行六种模式之一。这里仅介绍指点飞行和航点飞行两种。

图3-63　智能飞行模式设置窗口

3.2.6　航拍作业

在精准施肥技术中，这里利用无人机主要进行任务区影像的获取，以在此基础上进行地图的数字化，绘制出不同管理单元，即地块的边界图，在便在地理信息系统上进行养分的分区管理。所以，在没有现成遥感图件的情况下，航拍是精准施肥的基础工作之一。虽然目前使用的多旋翼无人机操作方便，但还要本着"认真准备、精心操作、保证安全、完成任务"的准则，做到万无一失。

3.2.6.1 航拍的准备

航拍准备分为内场准备和外场准备。

3.2.6.1.1 内场准备

（1）飞行器械准备。

在执行航拍任务前的24小时，需要对航拍器械进行认真准备，包括：

各种电池充电：目前采用的多旋翼无人机全部采用电力驱动，所以在准备工作中首先需要认真检查各种设备的充电情况，包括飞行器电池、遥控器电池、移动设备电池及备用电池等。

设备情况检查：在出发前，认真检查飞行器、螺旋桨、遥控器是否能正常工作，同时连接各设备，无误后装箱。

（2）飞行图件准备。

在执行航拍任务前，要认真分析任务区情况，测算任务区大小。初步确定工作点位置，估算飞行时间，是否需要中途转场等。如果飞行半径大于 5km，则需要对任务区进行合理切割，分为若干任务区执行。

3.2.6.1.2　外场准备

到达任务区后，开始执行外场准备

（1）确定飞行条件。

风速：不大于 4 级，特殊条件下不能大于 5 级。

能见度：2 000s 以上。

温度：不低于 0℃

（2）飞行场地。

场地要求：起降区域净空不小于 30m。

空域要求：周围 100m 内不允许有高大建筑物、高压线、无线发射塔等。

飞行限制：根据国际民航组织和各国空管对空域管制的规定及对无人机的管理规定，无人机必须在规定的空域中飞行。

（3）设备安装。

飞行器螺旋桨安装。

遥控器与移动设备连接。

如使用大疆智图软件，连接遥控器与计算机。

检查存储卡及容量。

（4）飞行前检查。

设备电量是否充足。

螺旋桨是否安装正确。

确保已插入 SD 卡。

开机后电机是否正常启动。

飞控软件是否工作正常。

镜头保护架是否决下、镜头是否清洁。

（5）飞行器设置检查。

为了安全飞行与高质量完成航拍任务，在飞行前务必检查下列几项飞行器的设置。

确认飞行模式是 P 模式。

确认返航点、返航高度。

确认"失控行为"为"返航"。

确认"启用视觉避障功"为开启状态。

确认"启用视觉定位"功能为开启状态。

确认"返航障碍物检测遥"为开启状态。

确认"摇杆模式"是你确定的模式。

确认设置"低电量报警"不低于30%电量。

确认"低电量智能返航"为开启状态

3.2.6.2 飞行与控制

（1）起飞。

开启飞控软件，各项检查正常后，可以起飞，起飞前所有人员需距离飞行器2m以上，按图3-64所示，执行掰杆动作，启动电机，电机启动后，马上松开摇杆。

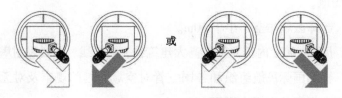

图3-64 启动电机动作示意

手动起飞。

飞行器状态指示灯显示绿慢闪或双闪时，操作者可操作油门杆，轻轻向上推，飞行器缓慢离地。

自动起飞。

飞行器状态指示灯显示绿慢闪或双闪时，操作者可点击DJI GO 4 APP 相机界面左侧的"🛬"图标，确认安全起飞条件，向右滑动按钮，确定起飞，此后，飞行器将自动起飞，在离开1.2m处悬停。

（2）拍摄作业。

将飞行器升至2m以上，悬停。点击相机界面上左侧的"🎥"图标，确定飞行模式，如果按航点飞行，则需要规划航点，设定飞行高度与速度，上传飞行器，确定。

注意，根据镜头特点，在4∶3的照片模式下，照片宽度与高度大体相当，按20%的重叠率，设定航线间隔宽度，照片高度大约为宽度的75%，根据速度设定定时拍照的时间。以免漏或重叠过多而浪费资源。

（3）返航。

完成拍摄任务，或电池报警时，需要返航。操作者可选择自动返航功能。即长按遥控器上的返航键，或点击相机界面左侧的""图标，然后向右滑动按钮，确认返航。在返航过中，短按返航键，则会取消返航。当到达返航点上空时，可点击""图标，确认安全降落条件，向右滑动按钮，确认进入自动降落。

在飞行器下降过程中，操作者通以点击屏幕上的"⊗"按钮退出自动降落过程。

若飞行器降落保护功能正常检测到地面可以降落，飞行器将直接降落，若飞行器降落保护功能正常，但检测到地面不可降落，则飞行器悬停，等待操作者操作；若飞行器降落功能未得到检测结果，则下降至地面 0.3m 处，系统将提示操作者是否断续降落，点击"确认"，飞行器将继续下降；飞行器降落至地面并自行关闭电机。

飞行器着陆后，可将油门杆推至最低位并保持 3s 后，电机则停止。

（4）紧急处置。

当发生特殊情况，如飞行器可能撞向人群时，操作者可向内拨动左摇杆的同时按下返航键，飞行器会在空中停止电机而坠落，以最大程度减少伤害。

3.2.6.3　撤收

完成预定的飞行航线，飞行器落地后，就进入撤收阶段。撤收阶段分为两个阶段。

（1）撤收准备阶段。

飞行器落地后，取出存储卡，检查照片质量，若有漏拍，由组长确定是否再飞，再决定再飞，则需从外场准备开始，重新进行航拍作业。

（2）撤收执行阶段。

完成航拍任务，组长决定撤收后，进入撤收执行阶段。该阶段的工作程序为：

关闭所有电源，清洁飞行器，并拆下飞行器的螺旋桨，从遥控器取下移动设备。

检查所有飞行设备和辅助设备，完整后，装箱撤离。

3.3　无人机自动航拍与自动拼图

在使用大疆无人机航拍时，可采用自动航拍控制软件和自动拼图软件，大大减少操作难度，并节约很多时间，同时，在拼图质量上有所保证。本节主要介绍大疆智图 2.0 版进行介绍。

大疆智图软件是为行业应用领域设计的 PC 应用程序，可控制大疆无人机，按照规划航线（二维或三维）自主飞行，可还进行二维地图重建等，大疆智图软件按使用功能可分为基础版、进阶版和专业版。其中基础版可进行二维建图、农业及果树场影二维重建等；进阶版在基础版的基础上，增加了 KML 文件导入、输出坐标系统选择、城市场景二维重建等功能；专业版在进阶版的基础上，增加了三维重建、基于重建结果的二维/三维航线规划等功能。

3.3.1 软硬件要求

大疆智图软件要求使用 Windows 7 及以上系统（64 位），并满足以下硬件要求。

表 3-1 硬件配置表

硬 件	实时二维建图	二维重建/三维重建/实时三维点云
中央处理器（CPU）		i5 以上
图形处理器（GPU）	推荐使用 NVIDIA 显卡	GeForce GTX TITAN X, GeForce RTX 2080 Ti GeForce GTX 1080Ti, GeForce GTX 1080 GeForce GTX 1070Ti, GeForce GTX 1070 GeForce GTX 1060, GeForce GTX 1050Ti GeForce GTX 970, GeForce GTX 960 其他计算能力在 3.0 及以上的 NVIDIA 显卡
显存（VRAM）	4GB 及以上	4GB 及以上
内存（RAM）	8GB 及以上	16GB 及以上
硬盘（HDD）	50GB Free（基本要求）或 SSD+50GB Free（更佳）	

二维重建/三维重建/实时三维点云的配置同样适用于实时二维建图。实时二维建图时对显卡无硬性要求，但使用低性能的计算机进行实时建图，耗时会略有增加，若配备 NVIDIA 显卡时，处理速度会更快。

3.3.2 遥控器与飞行器的连接

这里以 Phantom 4 或 Phantom 4 Pro V2.0 进行介绍。

使用 USB-C 线或 Micro UBS 线连接遥控器对应接口至计算机，然后开启遥控器和飞行器。此时大疆智图软件界面将显示飞行器所在位置及状态信息。注意，使用 Phantom 4 Pro V2.0 时，务必首先将遥控器连接至计算机，然后再开启遥控器。否则大疆智图软件将无法识别设备。

首先将遥控器切换至 PC 模式，以实现与计算机的通信。具体方法如下。

开启遥控器，确保飞行模式开关处于 P 档，然后使用 Micro USB 线连接遥控器上的 Micro USB 接口（小口）至计算机。

运行大疆智图软件，点击右上角的 ⚙ > 📷，选择"切换为 PC 模式"（图 3-65）。遥控器状态指示灯显示红灯慢闪（若已开启飞行器则为绿灯慢闪），表示遥控器已进入 PC 模式，此时断开 Micro UBS，然后重启遥控器以使所选模式生效。

使用双 A 口（大口）USB 线连位遥控器 USB 接口至计算机，然后开启飞行器，此

图 3-65　PC 模式与 APP 模式切换

时大疆智图软件界面将显示飞行器位置及状态信息。

注意：若不使用大疆智图软件进行控制飞行器时，请在大疆智图软件中将遥控器切换回 APP 模式，否则将无法通过 USB 接口连接移动设备运行 APP。模式切换方式同前，选择"切换为 APP 模式"即可。

3.3.3　操作界面

大疆智图软件的操作界面

3.3.3.1　主界面

大疆智图软件的主界面（图 3-66）。主要内容包括：

图 3-66　大疆智图软件主界面

（1）飞行状态提示栏。

显示飞行器的飞行状态及各种警示信息，包括：

安全起飞：安全起飞。

⌘：飞行器连接状态。

GNSS 信号强度和获取的卫星数。

视觉避障系统状态。

遥控器链路信号质量。

HD：高清图传链路信息质量。

飞行器电池电量。

设置菜单。

点击打开设置菜单，可进行如下设置。

⌘：飞控参数设置，可设置返航高度、飞行距离限制、限高等。

云台相机设置，可选择照片质量、测光模式等。

遥控器设置，可切换遥控器连接模式为 PC 模式或 APP 模式，更改遥杆模式，对遥控器 C1. C2 按键进行自定义设置。

感知设置，开启/关闭视觉感知系统。

通用设置，可进行坐标纠偏，选择地图源，设置长度单位、面积单位、语音，更改缓存目录等。

账户信息

（2）地图信息栏。

地图信息栏的内容在地图界面上，主要包括：

搜索：可输入名称搜索地图上的位置。

自建地图列表。

显示/隐藏限飞区：点击可要地图上显示或隐藏大疆规定的限飞区。

定位：若连接飞行器，则点击图标以飞行器当前位置为中心来显示地图。若未连接飞行器，有网络连接，则点击图标以当前网络位置为中心来显示地图，若无网络连接，则定位至系统默认初终位置或上一次关闭软件时的位置为中心来显示地图。

地图模式：点击可切换地图模式为标准地图或卫星地图。

地图缩放：点击+/-可放大或缩小地图显示。

（3）地图界面。

显示地图：滚动鼠标滚轮可进行缩放，点住鼠标左键拖动可移动地图。

（4）飞行参数栏。

返航点距离：飞行器与返航点水平方向的距离。

飞行高度：飞行器与返航点垂直方向的距离。

飞行速度：飞行器的飞行速度。

时间：飞行器第一次启动电机至当前的工作时间。

（5）拍照数（已回传/已拍）。

建图航拍任务时，显示已回传到大疆智图软件的照片数和已拍摄的照片总数，仅在打开"实时二维"或"实时三维"选项时，飞行器才会回传照片到大疆智图软件。若未打开"实时二维"或"实时三维"选项时，则已回传照片数始终显示为0。

（6）任务库。

任务库对不同任务类型进行分类显示，点击对应的类型标签可显示该类型的全部任务。

点击任务库右侧的 ⯇/⯈，可收起/展开任务列表。

⬎：导入，点击可导入任务。

🗑：管理，点击进入任务管理模式，可选择任务进行删除。

新建任务：点击可选择任务类型以新建任务。

点击任意任务选中，可将该任务进行如下操作：

编辑，仅在任务开始执行时，可点击此图标。点击进入任务编辑模式，进行参数设置。

继续，若在任务过程中，选择停止任务并返回任务列表，则再次选择该任务时显示此图标。点击可在弹出的菜单中选择接下来的操作。

查看，任务完成后显示此图标。可点可查看参数，但无法进行编辑。

重建，仅建图航拍、倾斜摄影、带状航线任务显示此图标。点击进入重建页面，可进行二维或三维重建。

复制，点击可创建此任务的副本，任务中的航线及参数设置将保持一致。

打开任务文件夹，点击可直接打开当前任务所在路径的文件夹。

导出，点击可导出所选任务的参数设置及该任务下的文件（如图片、二维地图、三维模型等），导出的任务文件可通过"导入"操作"用于新建任务。导出任务的任务名与在软件内的命名相同，修改导出的文件名并不会影响通过"导入"操作新建任务时的任务名。

3.3.3.2　任务编辑界面

通过新建任务可进入任务编辑界面，见3.3.4创建任务部分内容所述。

3.3.4　创建任务

3.3.4.1　新建任务

通过两种方式可进入任务编辑界面，一是点击左下角"新建任务"按钮，选择所需任务类型，输入任务名称，然后点击"确认"，即可进入任务编辑界面（图3-67）；二是点击任务库右侧的图标，从计算机中选择任务文件并导入，点击选中导入的任务，然后点击"编辑"进入任务编辑模式，若改入的任务在导出时已经执行完成，则无法进入编辑。

图3-67　选择任务类型提示框

这里以新建任务为例介绍大疆智图的操作，点击新建任务后，系统弹出一个任务类型对话框（图3-67）。

点击"建图航拍"，系统进入任务编辑界面（图3-68）。

图3-68　新建任务编辑界面

首先在任务名称栏中输入任务的名称，可以是中文，也可以是英文，点击确定后，可编辑屏幕右侧的任务设置。在侧栏中下方有三个设置，分别是"基础设置""高级设置"和"相机设置"。

3.3.4.2　基础设置

点击"基础设置"栏，有几项任务设置。

3.3.4.2.1　任务区域设置

首先是对任务区进行设置，具体步骤为：

（1）将鼠标在地图栏中，选择任务区的四个顶点（图 3-69）。如果顶点需要微调，可将鼠标选中该点，在任务编辑栏中，拖拽滚动条，移至编辑栏下方，有一个坐标调整栏（图 3-70），点击"⊙"图标是的四个方向，可调整顶点的位置。注意，航点间距不能超过 2 000m。

图 3-69　航拍任务区设置

图 3-70　航点微调

（2）起点终点切换。任务区设置后，其中带有"Ⓢ"图样的是航线起点，带有"Ⓔ"图样的是航线终点，选中任意一个，屏幕上显示"切换起点和终点"，点击可进行起点终点切换。

3.3.4.2.2　其他设置

（1）在"实时二维"栏中，将其右侧的开关置于"开"的位置。

（2）在"建图场景"中选择"农田场景"。

（3）在"完成动作"栏中选择"自动返航"。

（4）调置任务高度，设置后上栏中的"GSD"会自动显示照片的分辨率，同时会自动设置航线的宽度。

（5）调置飞行器速度。

设置完成后，在上面的栏中将显示"航线长度""飞行时间""面积"等信息。

3.3.4.3 高级设置

点击右侧栏中的"高级设置"按钮，下方出现高级设置选项（图3-71）。高级设置主要有"旁向重叠率""航向重叠率""主航线角度"等。注意："旁向重叠率""航向重叠率"最好不要低于70%，否则会影响拼图的质量，在二线重建时，而主航线角度应设置为90°，以保证相机镜头垂直于地面。

图3-71 "高级设置"选项

3.3.4.4 相机设置

点击右侧栏中的"相面设置"按钮，下方出现相机设置选项（图3-72）。相机设置主要包括"相机型号""照片比例""曝光模式""白平衡""曝光场景"等。其中曝光场景只有在"自定义"时，才能设置"快门""ISO""曝光补偿"等。

图3-72 "相机设置"选项

这是新建任务的参数设置，其他与飞行有关的参数设置可参见本章的3.2.5.1节。

3.3.5　执行航拍

3.3.5.1　开始飞行

（1）任务建成后，可点击任务编辑栏下方的"开始飞行"，系统会弹出一个注意事项列表（图 3-73），确认后将弹出飞行准备列表（图 3-74）。

图 3-73　飞行前注意事项告知窗口

图 3-74　飞行前飞行器状态提示窗口

（2）等待航线上传至飞行器，同时按照列表进行检查和调整，直至所有项目显示绿色，表示可以起飞。若有项目显示黄色，表示该项需要调整，但不影响起飞，建议操作者调整至绿色。

（3）点击"开始飞行"，飞行器将起飞，按规划航线执行飞行任务，飞行器的位置和最近拍摄的照片会显示在屏幕上（图 3-75）。

（4）对于建图航拍任务，若打开"实时二维"或"实时三维"时选项，则执行任务时地图上显示实时二维建图或实时三维点云结果。

图 3-75　飞行任务执行期间的软件界面

3.3.5.2　停止任务

在执行飞行任务过程中，点击界面上"停止飞行"按钮，则飞行器原地悬停，并记录当前位置为中断点，此时，操作者可自由操控飞行器，软件将弹出菜单，操作者可选择接下来的操作，对于建图任务航拍时，菜单会因用户是否打开"实时二维"或"实时三维"选项而有所不同。

若打开"实时二维"或"实时三维"选项时，点击"停止飞行"按钮，则首先弹出暂停的提示框，点击"确定"后，可以在以下选项中选择接下来的操作：

从断点处继续执行任务：飞行器从记录的断点处继续执行任务。

结束当前任务，进入图像后处理：飞行器终止当前任务，对已采集的图像进行后处理，合成二维地图或三维点云。

取消任务：取消本次任务，不进行任务处理。

若关闭"实时二维"或"实时三维"选项时，点击"停止飞行"按钮，则可以在以下选项中选择接下来的操作：

保存航线信息及任务状态：大疆智图软件将保存中断点信息，然后退出当前任务。

取消任务：飞行器终止当前任务，退出任务模式，且无法继续余下的任务。

若选择"保存航线信息及任务状态"，则再次连接飞行器并进入此任务时，用户可以从以下列表中选择所需操作：

从断点处继续飞行：飞行器从中断点开始，继续执行航拍任务。

从上一个航线点继续任务：飞行器从中断点的之前一航点开始，继续执行航拍任务。

从下一个航线点继续任务：飞行器从中断点的之后一航点开始，继续执行航拍任务。

重新开始：飞行器自动飞至任务起点，重新执行任务。

取消任务：大疆智图软件将清除当前任务中所保存的中断信息，然后退出任务。

返回任务列表：返回任务列表界面，用户可在需要的时候再次选择该任务，然后点击"继续"按钮，重新打开此菜单。

3.3.5.3 特殊情况处理

（1）在所有的任务中，若 GNSS 信息弱无法准确定位，则飞行器将自动退出任务，回到普通飞行模式。

（2）智能低电量：在执行任务过程中，若飞行器电量仅足够完成返航过程，遥控器将发出提示音，持续数秒后，飞行器将停止任务并自动进入返航过程，用户可短按一次遥控器上的智动返航键取消返航，更换电池后可以选择继续任务，飞行器将从停止处继续任务。

（3）低电量/严重低电量：若飞行器电池低于 DJI GO4 APP 中所设的低电量警报阈值，遥控器将发出提示音，若飞行器电池低于 DJI GO4 APP 中所设的严重低电量警报阈值，遥控器将发出提示音，同时飞行器将停止任务并自动降落，更换电池后可以选择继续任务，飞行器将从之前的停止处继续任务。

3.3.5.4 任务完成

任务完成后，系统会弹出一个对话框（图 3-76），点击"我知道了"按钮，飞行则返航。

图 3-76 任务完成提示框

对于建图航拍任务，若开打"实时二维"或"实时三维"选项时，则任务完成后，软件会进入图片后处理阶段，将已拍摄的照片再次处理，经获得更高精度及更多放大层级的建图或建模结果，后处理完成后，用户可以放大地图层级查看更高精度的处理结果。

若关闭"实时二维"或"实时三维"选项时，则任务完成后，可使用"重建"功能处理已拍摄的图片进行重建。

3.3.6　地图重建

建图航拍任务完成后，用户可通过重建功能，使用相机拍摄的照片原片进行二维或三维重建，以获得高精度二维地图，并可对其进行标注与测量。

3.3.6.1　重建流程

若在建图航拍参数设置时未打开"实时二维"，则在任务完成后可在该建图航拍任务下进行地图重建。若打开"实时二维"则无法在原任务下再次建图，此时需要新建一个空白的建图航拍任务，然后在该任务下使用已拍摄的照片进行二维地图重建。主要流程如下。

（1）在任务库中点击选中的任务，然后通过点击"🞄"图标或点击"✎"图标进入任务编辑界面，然后点击参数列表中的"🞄"图示进入。

（2）点击"➕"图标，系统将弹出一个文件管理器对话框（图3-77），下拉"组织"菜单，点击"全选"，然后点击"打开"按钮，照片会添加在系统中。

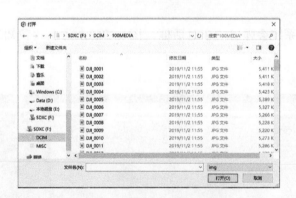

图3-77　照片目录管理对话框

（3）添加完成后，地图界面右上角显示"📷"图标，点击使其变为蓝色，可打开拍摄照片显示，照片对应的地理位置将以圆点形式显示在地图上，点击右侧>来管理照片。照片按所在文件进行分组显示，点开各个分组的列表，以查看并管理照片（图3-78）。

若拍摄的照片显示已打开，单击照片名使其变为蓝色，则照片对应的位置在地图上显示为橙色。同样，点击地图上的位置点，则其对应的照片在列表中显示为蓝色。双击照片名可查看大图及进行缩放；点击"管理"然后点击照片将其选中，再点击

图 3-78　打开的照片位置

"删除"，可删除照片。点击"取消"通出管理。完成操作后，点击<返回重建页面。

（4）在重建类型中选择"二维地图"。

（5）选择合适的建图场景：农田场景适用于农田等空旷、高度差较小的区域，城市场景适用于多建筑区域，果树场景适用于高度差较大的果园等区域，若选择果树场景，大疆智图软件将会对建图结果进行识别，标记出地图中的果树、建筑、地面等区域。

（6）选择重建清晰度：高为原始分辨率，中为原始分辨率的 1/2，即图片长和宽均为原图的 1/2，低为原始分辨率的 1/3，例职拍摄原图的分辨率为 6 000×6 000，则高清晰度即为此分辨率，中则对应于 3 000×3 000，低则对应于 2 000×2 000。

（7）根据需要进行输出坐标设置和像控点管理。

（8）点击"开始重建"软件将弹出对话框（图 3-79），询问用户是否复制照片到当前任务文件夹。若勾选"复制照片"，则照片会被复制到当前文件夹，后续导出此任务时会包含照片；若不勾选"复制照片"，则照片不会被复制，导出任务时，也不会包含照片，选择"继续"，以开始重建，下方的进度条会显示重建进度，点击"停止"将结束重建，软件将保存当前进度。

（9）可开始多个重建任务，在第一个开始的重建任务完成前，其余任务将处于排队重建状态，上一个任务完成后，其余任务会按顺序依次重建。

（10）建图完成后，地图界面将显示建图结果（图 3-80），用户可放大或缩小地图层级查看，并进行标注与测量、农业应用等相关操作。

（11）点击"质量报告"，可查看并保存 html 格式的报告，报告中包含重建结果概览、RTK 状态、相机信息、软件参数等。

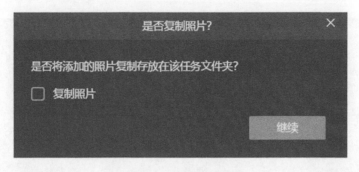

图 3-79   复制照片对话框

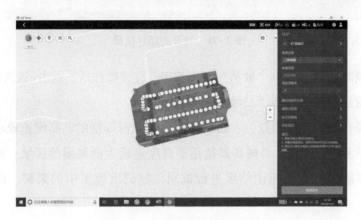

图 3-80   地图重建完成后的界面

3.3.6.2   地图文件格式及存储路径

二维地图重建的结果为 GeoTIFF 格式的栅格文件，可用于兼容 GeoTIFF 格式的第三方软件。

二维地图文件默认存储路径为：

C：\ \ users \ \ <计算机名>\ \ documents \ \ DJI Terra \ \ <GJI 账号名>\ \ <任务编码>\ \ map \ \ result. tif。用户也可以在重建页面使用快捷键 Ctrl+Alt+F 打开当前所在任务的文件夹。

注意：< >中的名称在不同的计算机上，会有所不同。

关于大疆智图软件的其他操作和设置可参阅大疆智图软件的说明书。

第4章　基础图件制作

在基于地块的土壤养分精准管理中，案例区的上块图中最基础的图件之一，首先制成土块图，才可能进行下一步的分析工作。在 GIS 中，这部分工作称为图件的数字化。它也是 GIS 中的基础工作之一，将一个图件完整进行数字化，需要经过图层创建、地图数字化、图层的修整、接边和建拓扑关系等环节，本章主要以河南省温县白庄村为案例进行基础图件的制作，图片来源是可以是遥图影像，也可以是小型无人机的航拍图。

4.1　图层创建与地图数字化

在这个分析中，将应用 ArcGIS 的 ArcInfo Workstation 程序进行地图的数字化，即将一个研究区域的内容数字化到 GIS 中。该部分的内容在 ArcMap 上也能完成。

4.1.1　数据背景

在本案例中，采用的是 2019 年 6 月 1 日对白庄村进行的小型无人机航拍图，飞行高度为 500m，成图的地面分辨率为 0.2m（图 4-1）。本操作将以该村为背景进行数字化。

4.1.2　控制点定位

为了进行与采样点坐标系统一致的控制点，在该村确定了 8 个控制点，控制点的位置如图 4-2。控制确定的原则一是分布要均匀；二是图上可明显标记到，且实地容易找到；三是控制点数量不得少于 3 个。

通过 GPS 定位，得到的控制点坐标示于表 4-1。

图 4-1　河南省焦作市温县白庄村航拍

图 4-2　控制点位置与编号

表 4-1　控制点坐标

编　号	经度（X）	纬度（Y）
1	112. 977822	34. 952033
2	112. 978222	34. 955155
3	112. 980132	34. 955003
4	112. 971030	34. 955782
5	112. 978658	34. 959708
6	112. 980917	34. 959602
7	112. 979135	34. 962645
8	112. 970548	34. 961530

　　分别数字化出道路、地块等地理属性。注意：建立的图层文件名可与影像文件名相同。

4.1.3　操作步骤

4.1.3.1　ArcInfo Workstation 的启动与设置

　　当系统安装了 Arc Workstation 后，在"开始"菜单中查找"ArcGIS"项，点击后出现次一级菜单，在该菜单中找"ArcInfo Workstation"，再弹出次一级菜单，在最后一级菜单中点击"Arc"（图 4-3）即可启动该程序（图 4-4）。

　　在 Workstation 的界面上，通过点击左上角的图标，有一个下拉菜单，可通过菜单对其窗口属性进行设置（图 4-5）。

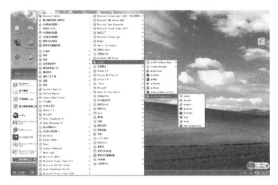

图 4-3　启动"ArcInfo Workstation"菜单

图 4-4　"ArcInfo Workstation"启动界面

图 4-5　Arc 窗口的属性设置

4.1.3.2　建立工作区

Arc：w

Arc：cw d：\ \ gisteach

arc：w d：\ \ gisteach

4.1.3.3　建立图层文件

在进行地图的数字化之前，需要建立一个没有任何地理特征的空文件，然后再在该文件中填充进所需要的内容。这个空的图层文件内容需要包括控制点（TIC）和边界（BND），所以，建立好空文件后，还需要手工输入控制点坐标和边界坐标。这里以建立一个文件名为 BZPLOT 的文件为例进行介绍，具体的步骤如下：

Arc： create *bzplot*

Arc：info

ENTER USER NAME>ARC

ENTER COMMOND>SEL *BZPLOT. TIC*

ENTER COMMOND>ADD

IDTIC，XTIC，YTIC

………

［ENTER］

注意，此时建立一个名为 bzplot 的 Coverage 文件，其中只有控制点信息，边界信息没有更改，此时的控制点数据是 GPS 定位的经纬度坐标，投影方式为大地投影（Geographic），由于不同地区的经纬度坐标在距离上不一致，很难判断距离，这时，最好将其改为圆锥投影（Albers），在圆锥投影中，单位为米（m），很容易判断距离。具体的投影转换步骤为：

Arc：project cover inputfile outputfile

Project：input

Project：projection geographic

Project：units dd

Project：parameters

Project：output

Project：projection albers

Project：units meters

Project：parameters

1st standard parallel	47	0	0.000
2st standard parallel	25	0	0.000
central meridian	113	0	0.00
latitude of projection' origin	0	0	0.000
false easting<meters>	0. 0000		
false northing <meters>	0. 0000		

project：end

其中，中心子午线（central meridian）可用当地的经度，以便成图后，地图的上方为北方向。如果案例区过于接近中央子午线，则会出现在中央子午线以西的地区，X坐标值为负值的情况，此时可利用 false easting<meters>，输入一定量的东较正值，使案例区的 X 值均为正值。

控制点文件的投影转换后，可利用命令显示出投影转换后各控制点的坐标。命令为：

Arc：info

ENTER USER NAME> ARC

ENTER COMMOND> SEL BZPLOT. TIC

ENTER COMMOND>LIST

这时屏幕上会显示各控制点的坐标（图 4-6）。此时显示的坐标单位为米。

图 4-6　控制点的坐标显示

文件的投影转换后，坐标单位即为米，此时，可根据控制点所在位置，设置图层文件的边界。具体步骤为：

Arc：info

ENTER COMMOND>ARC

ENTER COMMOND>SEL *BZPLOT. BND*

ENTER COMMOND>UPDATE

RECNO？ > 1

？ > XMIN = XXXXX

？ > YMIN = XXXXX

？ > XMAX = XXXXX

？ > YMAN = XXXXX

RECNO？ > ［ENTER］

ENTER COMMOND>Q STOP

Arc：

至此，建立了图层的 TIC 文件和 BND 文件。

4.1.3.4 地图配准

矢量化地图可用数字化仪和屏幕矢量化两种，通过数字化仪进行数字化地图需要专业设备——数字化仪。另一种是屏幕矢量化，它先将需要数字化的图件扫描成 TIFF 格式的图像文件，然后再将其显示在屏幕上，再通过屏幕进行数字化。特别是近年来，扫描仪的普及，屏幕数字化越来越普遍，这里主要介绍屏幕数字化过程。具体步骤如下：

（1）用扫描仪将所用图件扫描成 *.tif 文件。

Arc：register <image> <cover>（image 为 *.tif 文件，cover 为配准文件）

（2）此时屏幕出现三个窗口（图 4-7），一个为 TIF 图像，一个为配准图层，最大的将为两个图层配准之用，分别在 TIF 窗口和 COVER 窗口选择配准区域，（鼠标左键为移动范围，右键为改变窗口大小）。

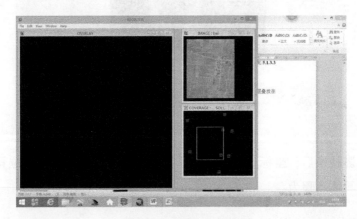

图 4-7　Register 界面

（3）点屏幕上方菜单中的 VIEW 栏中的 Redraw Overlay Canvas 命令，将两个图层叠放在较大的窗口内（图 4-8）。

（4）准图层：找出两图层的相同点位，先在 image 图层上击鼠标左键，将鼠标移到 COVER 图层上，再击鼠标左键，两点间出现一连线，至少需配准三个点以上。

（5）单击菜单上的 Edit 栏中的 Register 命令，屏幕出现距离的对话框（图 4-9），如果某点差距过大，可将 Link Idl 输入上面的栏中，删去后重新配准。如果距离满足要求，击 DONE 即可。

（6）击菜单上的 View 栏中的 Lock Image 命令，看图像是否配准，若不准时，可用

图 4-8　图层配准加载界面

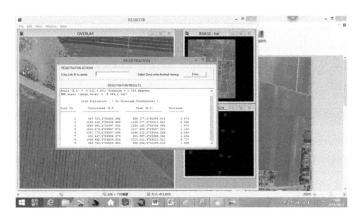

图 4-9　配准距离对话框

Ediet 栏中的 Reset…. 命令重新配准。

（7）击菜单上的 File 栏中的 Save Transformation 命令，保存转换格式，并退出。

（8）Arc：rectify \<image\> \<newimage\>命令将 image 图像转成有坐标系的 image 图像文件，其扩展名仍为 TIF。

4.1.3.5　矢量化地图

（1）设置数字化过程误差。

Arc：ae

Arcedit：nodesnap closest 5（当两个结点近于 5 时，系统视为一个点）

Arcedit：arcsnap on 2（当两个线近于 2 时，系统视为一条线）

Arcedit：intersectarcs all（所有线段交叉的地方，都增加一个结点）

Arcedit：display 9999 3（在本机上打开编辑窗口，窗口高度为屏幕的 3/4）

（2）屏幕数字化。

用以下命令进行屏幕数字化。

Arc：ae

Arcedit：display 9999 3（图层文件显示在本机屏幕上的 3/4 大小）

Arcedit：ec cover（该图层用和 image 配准好的图层）

Arcedit：de arc（其中的 arc 为编辑属性，数字化点时，用 point）

Arcedit：image <newimage> composite 1 2 3（composite 1 2 3 是将背景影像显示为彩色，不用该命令时，背景影像显示为黑白色）

Arcedit：draw

Arcedit：mape（该命令是将数字化的区域施放大）

Arcedit：draw

Arcedit：ef arc（编辑线状属性）

Arcedit：add（在此之前可用编辑命令设有编辑方式）

此时，屏幕会提示数字键所表示的操作命令，按提示操作即可。编辑完成后，用以下命令保存图层。

Arcedit：save（保存编辑的图层）

Arcedit：quit（退出 Arcedit，返回 Arc 状态）

数字化完成后，在修改之前，需要对编辑的图层建立拓扑关系，建立拓扑关系的方法是：

Arc：build *Cover* line（将编辑的图层建立为线属性文件）

注意，在矢量图层中，可建立为点（point）、线（line）、和多边形（polygon）等属性文件，如果在 build 命令后缺省属性，系统会自动默为多边形属性。

4.1.3.6　文件操作

（1）创建同一区域不同属性的图层。

在 ArcInfo 中，一个图层只能表达一种属性，如道路、田块和采样点等属性同在一个区域时，需要用两个图层来表示，即道路为线属性文件，田块为多边形属性文件，而采样点则为点属性文件。但是，这些图层的其他属性如控制点（TIC）、边界（BND）等可能是一样的，所以，在进行同一区域不同属性的数字化时，可采用同一特征的底图，该操作的具体方法为：

Arc：create Cover2 Cover1（创建一个新的图层 Cover2，其中的底图特征等同于 Cover1）。

（2）图层文件的复制与删除。

在复制图文件时，可用以下命令：

Arc：copy Cover2 Cover1（建立一个新图层 Cover2，其中的内容与 Cover1 相同）

在删除图层文件时，采用以下命令：

Arc：kill cover all（删除 Cover 图层的所有信息，同时，可采用该集合后的参数，删除图层中的 arc、point 等属性。

（3）从其他图层中获取属性。

在编辑图层时，为了从一同区域获取某些属性，采用以下命令：

Arc：ae

Arcedit：ec cover

Arcedit：de arc

Arcedit：draw

Arccdit：ef arc

Arcedit：get cover2（从图层 Cover2 中获取 arc 属性）

Arcedit：quit

（4）文件更名。

如果需要对现在的图层文件更名时，可采用以下命令：

Arc：rename Cover1 Cover2（将图层文件 Cover1 更名为 Cover2）

4.2　图层修整

（1）进行地图的简单数字化后，会有很多地方存在缺陷，图示如 4-10。

图 4-10　伪节点示意

（2）悬挂节点在多边形属性的图层中，一个结点仅与一条弧段相连，这个弧段称为悬挂弧段，这个结点称为悬挂节点（图 4-11）。

在这个操作中，你将应用 ArcInfo Workstation 程序对已经数字化的地图进行修改、清理，形成一幅完整的数字化地图。

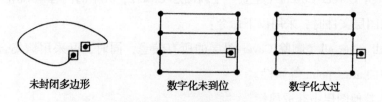

未封闭多边形　　　　数字化未到位　　　　数字化太过

图4-11　悬挂结点示意

4.2.1　属性的增加与删除

在图层的数字化过程中，可能会数字掉很多属性，同时也可能会产生许多错误属性，这些错误都需要在图层的修整过程中进行纠正。属性的增加实际上就是再将丢失的属性数字化进来，其编辑过程与数字化过程相同。在数字化过程中，也可利用数字键进行属性的删除，以修整过程中，可用以下命令进行选择需要修改的属性：

Arcedit：ef arc

Arcedit：sel box（选择一个区域。选择命令 sel 后有多种方式选择，可参考在线帮助文件）。

Arcedit：delete（删除被选择的属性）

4.2.1.1　伪节点的修正

编辑图层后，用以下命令显示不正确的节点：

Arc：ae

Arcedit：ec cover

Arcedit：de arc node

Arcedit：drawe node error（显示有错误的节点）

Arcedit：ef arc

Arcedit：select many

Arcedit：unsplit

Arcedit：save

Arcedit：quit

4.2.1.2　悬挂节点的修正

悬挂结点分为过头的线段和未到位的线段（图3-10），对于两种悬挂节点需要采用不同的方法。

（1）过头线段的修正。

Arc：ae

Arcedit：ec cover

Arcedit：de arc node

Arcedit：drawe node error（显示有错误的节点）

Arcedit：ef arc

Arcedit：sel box（选中过头的线段）

Arcedit：delete

然后重复选择和删除操作，直至完成并保存。

（2）未到位线段的修正。

Arc：ae

Arcedit：ec cover

Arcedit：de arc node

Arcedit：drawe node error（显示有错误的节点）

Arcedit：ef arc

Arcedit：select（选中未到位线段的节点）

Arcedit：extend

（3）移动节点。

Arc：ae

Arcedit：ec cover

Arcedit：de arc node

Arcedit：drawe node error（显示有错误的节点）

Arcedit：ef arc

Arcedit：select（选中未到位线段的节点）

Arcedit：move

4.2.2　建立图层的拓扑关系

当确认所有数字化的属性修正后，可再用 Build 命令建立图层的拓扑关系，形成属性文件表，建立图层的拓扑关系的命令为。

Arc：build *Cover* line（将编辑的图层建立为线属性文件）

用该命令可建立线为点（point）、线（line）和多边形（polygon）等属性文件，如果在 build 命令后缺省属性，系统会自动默为多边形属性。

使用该命令后，系统会自动创建一个拓扑关系表或称属性表，其中点属性文件和多边形文件的属性表的扩展名为 PAT，线属性文件为 AAT。

4.2.3 图层的接边

对于一幅较大的地图，可能分为几个单元由不同的人来完成，所有单元完成后，都需要检查并确认所有数字化的属性都正确，接下来可将几幅图件拼接为一幅完整的图件。图层的接边包括 4 个步骤。

一是边界匹配：确认两个需要接边的图层属性在边界上能连接。

二是图层合并：把两个图层合并成一个区域较大的新图层。

三是边界线融合：将图层的边界线融合掉，并复制跨边界多边形中的标识点。

四是设置关联环境并关联两个图层的属性表。

具体的原理请参阅有关资料，具体的步骤如下。

Arc：ae

Arcedit：ec cover

Arcedit：de arc node

Arcedit：mapextent cover cover2 （over2 为相临图层）

Arcedit：ef link

Arcedit：drawe arc node label link

Arcedit：backc cover

Arcedit：backe arc node label

Arcedit：snap cover cover2

Arcedit：linkfeatures node node

Arcedit：snapping closest ＊

Arcedit：limitautolink box

Arcedit：autolink

Arcedit：grain distance

Arcedit：limitadjust box

Arcedit：add

Arcedit：adjust

Arcedit：quit

4.3 图层属性的添加

图层文件的空间数据输入和编辑后，通过 build 命令可以建立图层的拓扑关系，并建立图层的属性表文件。不同属性的图层文件其属性表文件的后缀（扩展名）不同，对于点属性文件和多边形属性文件，其扩展名为 PAT，而线性属性文件的扩展名为 AAT。该表可以认为是一个数据库的表文件，除了几个列是固定的以外，可以对其进行添加和删除。用户可根据需要进行添加相应的列，下面以多边形文件的属性表为例进行图层属性的添加。

4.3.1　属性表中列的添加与删除

4.3.1.1　属性表文件内容显示

以多边形文件为例，通过 build 命令建立拓扑关系后，可用以下命令显示 PAT 文件的内容：

Arc> list Cover. pat

屏幕上会显示 Cover. pat 的内容，对于没有进行编辑的多边形属性表文件则含有 5 项内容：

Record：为记录号，即多边形的数目加 1。

AREA：多边形的面积，其中第一个记录为外多边形，其面积为多边形总和的负数。

PRIMETERS：多边形的周长，其中第一个记录为图层范围内的处围周长。

Cover #：是系统自动生成的字段，不能人为改动。

Cover-ID：用户可定义的字段，用户可以改动，反改动之前，所有赋值为 0。

这里指出，对这点属性文件，其属性表的内容与之相同，但其中的面积和周长均为 0。

4.3.1.2　属性表文件中列的添加

为了添加用户的属性，除了改动其中的 Cover-ID 列内容以外，还可以利用 additem 命令对表中的列进行添加，其命令为：

Arc> additem Cover. pat Cover. pat num 4 4 b

该命令中，Cover. pat 为需要添加的属性表文件，第二个 Cover. pat 为添加后的属性表文件，如果需要时，前后可以不同，不同时，修改后的属性表文件不能随图层文件显示；num 为添加到属性表中的字段名，宽度为 4 个字节，显示宽度为 4 个字节，类型为字节型。添加后，该字段的初始值为 0。

4.3.1.3　属性表文件中列的删除

如果在删除属性表中的某一列，可用以下命令：

Arc> dropitem Cover. pat Cover. pat num

同添加字段相同，该命令中，Cover.pat 为需要删除的属性表文件，第二个 Cover.pat 为删除后的属性表文件，如果需要时，前后可以不同，不同时，修改后的属性表文件不能随图层文件显示；num 为要删除的字段名。

在本案例中，需要地块图的属性表中，增加一个"Landuse"的字段，参数为 4 4 b。以添加不同多边形中的土地种用方式，土壤利用属性值见表 4-2。

4.3.2 属性值的添加

在属性表文件中添加新的字段后，需要对其进行赋值。赋值有两种方法，一种是手工赋值，另一种是通过其他字段计算得出。

表 4-2 多边形属性文件添加属性说明

代码	描述
1	农田
2	保护地
3	林地
4	果园
5	菜地
6	居民区
7	道路占地
8	设施用地
9	其他

4.3.2.1 属性表的手工赋值

增加好字段后，需要给该字段赋值，赋值的命令如下。

Arc：ae

Arcedite： display 9999 3

Arcedite： ec cover

Arcedite： draw

Arcedite： ef poly

Arcedite： &term 9999

Arcedite： forms

此时，在屏幕上开出一个 forms 窗口（图 4-12），将地图窗口上黄色多边形的编号输入，然后按［NEXT］输入下一个点编号，输入完后，关闭 forms 窗口，保存修改后的图层文件即可。

本案例中，多边形文件（地块）的属性添加按表 4-2 的描述将所有多边形添加属性。

图 4-12　属性输入窗口

4.3.2.2　属性表的计算输入

增加好字段后，如果新增加的字段值可以通过其他字段计算而来，或等于某固定值时，可用 calculate 命令。具体如下。

Arc：ae

Arcedite：　display 9999 3

Arcedite：　ec cover

Arcedite：　draw

Arcedite：　ef poly

Arcedite：　select all

Arcedite：　calculate num = XX

Arcedite：　save

或者：

Arc：ae

Arcedite：　display 9999 3

Arcedite：　ec cover

Arcedite：　draw

Arcedite：　ef poly

Arcedite：　select all

Arcedite：　calculate num = area / perimeters

Arcedite： save

关于属性表的编辑在 Catalog 中也能完成，可以试着用 Catalog 做一次。

4.4 图层属性表的链接

在编辑属性数据时，可能已将属性做成了表文件，在使用时，仅将表文件与图层属性表链接即可，具体的步骤如下。

4.4.1 链接文件的建立

4.4.1.1 属性表关键字段的建立

属性表的链接与数据库的链接完全相同，即在需要链接的数据库中有一个相同的字段，该字段在链接中称为关键字段（key item），如果需要进行链接，再用手工添加或计算的方法加入一个关键字段，其宽度、类型都要与链接的数据库中的字段相同。

4.4.1.2 数据库文件格式的转变

在 ArcInfo 中，数据库的格式需要用 Info 格式，所以，如果用 EXCELL 做的数据表时，可保存为 dBaseⅢ 格式，然后用以下命令转化为 Info 格式。

Arc： dbaseinfo *file1 file2*

命令中，file1 为 dBase 格式的数据库文件，file2 为 Info 格式的数据库文件，两个名称也可以相同。

注意在 file1 中必须含有一个与图层属性表完全相同的字段。

4.4.2 数据库的链接

当属性表文件编辑完成且数据库也转化为 Info 文件后，可用以下命令进行链接并保存。

arc： relate add　（增加一个链接）

Relation name： relation_ name （输入链接名称，relation_ name 为链接名称）

Tableidentifer： nutrient. dat（输入的链接土壤养分数据库名称，这里已将土壤养分数据库转为了 info 文件）

Database name： info（输入链接的数据库类型）

Info item： num（输入数据库的链接字段）

Ralate column： num（输入与属性表链接的字段）

Relate type： ordered（链接类型）

Relate access：rw（链接过程）

Relation name：<enter>（结果链接）

建立好链接关系以后，可将链接关系保存，以便以后再用。下次使用时，可恢复链接关系。其命令为：

Arc：relate save filename. rel（将链接关系保存为 filename. rel 文件）

Arc：relate restore filename. rel（恢复链接关系）

在 ArcMap 中，也可以进行数据库与属性表的链接，读者可以试着做一下。

第 5 章　高效土壤养分测定技术

测土施肥是根据土壤中不同的养分含量和作物吸收量来确定施肥量。因此土壤养分测定是测土施肥工作中的重要环节之一。只有采集有代表性的土壤样品,客观地测定出土壤养分含量,才能获得科学的数据,指导施肥方案的制订。同时由于农业生产时效性强的特点,要求测土配方施肥技术中土壤有效养分测试值不仅要与作物实际吸收量间相关性好,而且测定方法尽可能简单、快速、准确,并能适应于多种类型的土壤。本章介绍土壤样品采集与处理技术以及一种高效土壤养分测试技术。

5.1　土壤样品的采集与处理

对测土配方施肥而言,采集有代表性的土壤样品非常重要。如果土样没有代表性,再准确的分析结果也只是代表一个分析方法的好坏或一个实验室分析测定的准确程度而已,在实际中没有意义。一个没有代表性的土样的测定结果用于指导施肥只能误导生产。所以土壤样品的采集必须具有代表性。由于土壤是一个很复杂的体系,土体各层次的组成以及植物根系在其中的分布状况不同,加之管理措施的不同,使得土体具有较强的时空变异性,这给采集有代表性的土壤样品带来了很大困难。据研究,在不同尺度上,土壤养分的变异程度不同。其中,地块内的土壤养分平均变异性为18.77%,而地块间的土壤养分平均变异为39%,县村之间的平均变异性为66.3%。在中小尺度上,土壤养分变异度相对较大的大部分是通过施肥进行补充的营养元素,而在大尺度上土壤中的 P、S、Fe 和 Mn 相对变异性增加。另外,在实际取样中,一般以大田平均样品为主,土壤分析测定需要的土壤样品很少,通常采取 1kg 左右的土样,再从中取出几克或几百毫克进行分析测定,所以要求其结果足以反映一定面积土壤的实际情况,就必须采取正确的取样方法,采集有代表性的土壤样品,这是得到正确分析结果的关键。

5.1.1 土壤样品的采集

5.1.1.1 各种土壤样品的采集方式

（1）旱作土壤样品的采集。

为研究植物生长期内土壤中的养分供求情况，采样深度只需采到耕作层，最多采到犁底层，一般以 0~20cm 为宜。对于作物根系较深的土壤，可适当增加采样深度。采样方法是在确定的采样点上，采取同样体积的土样。如果用土钻取样，这一点很容易做到，因为土钻的直径是固定的，只要各点取土深度一致（用土钻手柄上的刻度来控制），所取土样的体积就相同了（图 5-1）。

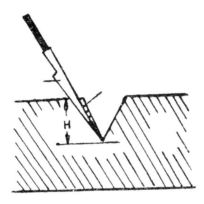

图 5-1 用取土钻采样示意

（采样深度 20cm）

若用土铲取土，则需先在确定的采样点上挖一个 v 字形的坑，坑的深度要与采样深度相同，如采样深度为 20cm，则土坑的深度也应为 20cm，若采样深度为 40cm，则土坑的深度也应为 40cm。注意在同一片土地中所有采样点的土坑深度应一致，然后按图 5-2 的方法，在每一采样点用小土铲倾斜向下切取一片土壤样品，然后在切下的土片中间从上到下切下一条土样，各个采样点上切下的土样，上下厚度、宽度及长度都应基本相同。

（2）水田土壤样品的采集。

在水稻生长期间，地表淹水情况下采集土样，注意地面要平，只有这样，采样深度才能一致，否则会因为土层深浅的不同而使表土速效养分含量产生差异。一般用土钻采集土样，将土钻插入一定深度的土层，取出土钻时，上层水即流走，剩下的潮湿土壤，装入塑料袋中。要多点取样，组成混合样，其原则与旱地采样一样。

（3）果园土壤样品的采集。

果树栽培与大田作物栽培方式不同，由于每年施肥比较集中，施肥区域逐年向外扩展，要采取能代表果树养分吸收情况的样品，应根据果树根系的生长分布和吸收养分的特点，在树冠外围向内 1m 处的区域内布点采样，取样深度一般在 25~60cm，有的还要深些。

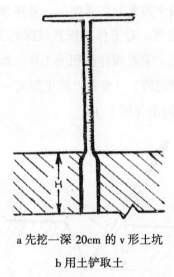

a 先挖一深 20cm 的 v 形土坑

b 用土铲取土

图 5-2 用土铲采样示意（采样深度 20m）

5.1.1.2 土壤样品的采样时间

土样采集的时间应因分析目的而定，为了制定全年生产计划，按地块合理分配肥料，采样时间必须在作物生育后期或收获后、施肥前进行；为了诊断作物营养需要和决定追肥时，则应在农作物生长期间进行；为了改良土壤或改进栽培技术等，则在该项生产措施的前后都要采样分析有关的项目。

样品采集后，先将枯枝落叶小石砾等或非土壤部分拣除，并按下面的四分法进行粗分，将过多的土壤样品弃去一部分，留约 1kg 左右的土壤样品，放入取样袋中，同时填写土壤样品的采样标签，标签格式可参照图 5-3 自行制作。为了防止标签丢失，土样标签应一式两份，一份挂在土壤样品袋的外面，一份装在土壤样品袋中。注意采样标签最好用牛皮纸印制，填写标签必须用铅笔填写，严禁用圆珠笔或钢笔填写，因为新采集的土壤样品都会含有较多的水分，用圆珠笔或钢笔填写的标签在遇水时会字迹模糊，不易辨认。土壤样品袋最好用通气性较好的化纤布缝制，化纤布一方面有通气性，土壤样品不易发霉；另一方面化纤布又较抗腐烂。若远距离运输，最好不要用塑料袋盛装。

统一编码：（和农户调查表编号一致）　　　　　邮编

采样时间：　　年　　月　　日　　时　　分

采样地点：　　省　　县　　乡（镇）　　村　　地块　　农户名

地块在村的（中部、东部、南部、西部、北部、东南、西南、东北、西北）

采样深度：①0～20厘米　②其他　　　厘米　该土样由　　　点混合（7—20）

经度：　　度　　分　　秒　　纬度：　　度　　分　　秒

采样人：　　　　　　　　联系电话：

图 5-3　土壤样品标签

5.1.2　土壤样品的风干过程与处理

5.1.2.1　土壤的分取与风干

从田间取回的土壤样品，由于含水量不一，很难进行土壤养分的测定，目前大部土壤速效养分都采用风干土测定，所以，取回的土壤样品需首先进行风干。具体的方法是将田间取回的样品掰成小块，拣去其中的石块等杂物，按四分法的弃去多余部分，保留约 500g 左右，风干备用。四分法的方法是：将采集的土壤样品弄碎，充分混合并铺成四方形，划分对角线分成四份，再把对角的两份并为一份，如果所得的土壤样品仍然很多，可再用四分法处理，直到所需数量为止（图5-4）。

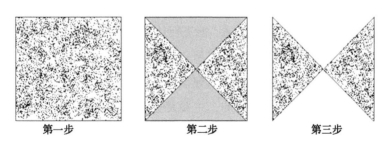

第一步　　　　　　　第二步　　　　　　　第三步

图 5-4　四分法取样步骤示意

通过四分法留 500g 左右土壤样品后，可将土壤样品平摊在土壤风干盘上，置于通风、阴凉、干燥的地方，使其自然干燥。

5.1.2.2　土样编号

对于每一批土壤样品，在送样时，应该认真填写《土壤样品送样单》，这是实验室分析土壤样品的重要依据，也是除分析项目以外土壤属性和取土环境的记录，送样单可参照表 5-1 制作。

表 5-1　土壤样品送样单

1. 寄样人信息（姓名、地址、电话、传真、电子邮件）：

2. 土壤样品总数：

3. 送样日期：

样品编号	土壤类型	土壤质地	取样地点（县、乡、村、农户）	作物	目标产量（公斤/亩）	上茬作物	产量水平（公斤/亩）	取样日期

在填写《土壤样品送样单》时，基本上要逐一填写，如果填写不全，可能会影响到推荐施肥结果的准确性，如作物和目标产量是土壤养分结果分析出来后进行推荐施肥的重要参数，如果这两项目缺乏，则不能进行施肥推荐。

除了土壤样品送样单以外，实验室对所收到的样品在风干后，处理前还要进行逐一登记。由于在批量化的土壤养分系统研究法的测定过程中，为了达到快速分析的目的，在测定过程中是不进行样品编号的，主要是通过样品的顺序进行识别，所以，实验室编号在分析过程中是很重要的环节之一。实验室编号要在实验室中保持唯一，以便建立土壤样品分析数据库或以后查询。

5.1.2.3　土壤样品的处理

土壤样品登记后，可进行土壤样品的处理，土壤样品处理的目的是将土壤样品充分混合均匀，并且使其能和浸提液充分反应。为了加快土壤样品的处理速度，在土壤有效养分测定过程中，土壤样品的处理均在土壤粉碎机上进行，土样统一过 2mm 筛，处理好的土样可盛装在牛皮纸做的土壤样品袋中。然后将土壤样品的原始标签也放入袋中，以备核对，同时将土样的实验室编号写在土样袋上，按土壤登记表上的顺序依次放在土样托盘中。

土样处理中的注意事项如下。

（1）粉碎土块不宜过大。

在土壤风干过程中，要将土块掰成小块，以土块直径不大于 1.5cm 为宜，如果土壤过大，一方面土壤不能进入粉碎机，影响正常的土样处理过程，另一方面，当土块过大，特别是土块较为坚硬时，容易卡死电机，造成电机损坏。

（2）土壤样品必须风干。

土壤样品在风干过程，必须充分风干后才能进行粉碎处理，一般砂土的土壤含水量不超过 2%，黏土含水量不超过 6%。当土壤样品没有充分风干时，由于土壤中含有一定水分，土壤具有较高的黏着性，在粉碎过程中，造成筛孔堵塞，不能正常处理土样。同时，如果土壤没能充分风干，也会影响土壤养分的测定结果。

（3）电机不宜长时间运转。

在土壤样品粉碎过程中，最好是处理好一个样品后，要停一下粉碎机，不能不关机连续处理土样，当土壤样品过多时，电机连续运转不能超过 1 个小时。否则，由于电机发热可能损坏电机。

5.2　土壤有效养分的测定过程

这里介绍的高效土壤养分测定方法是美国佛罗里达的国际农化服务中心（Agro Services International Inc.）（简称 ASI）的 A. H. Hunter 博士在总结了前人土壤测试工作的基础上，吸收了美国北卡罗来纳州立大学的 D. Waugh、R. B. Cate 和 L. Nelson 的研究结果提出的评价土壤养分状况的实验室化学分析方法。该方法在中-加钾肥农学项目实施中引进中国，并在中国农业科学院建立了"中-加合作土壤植物测试实验室"，通过中加钾肥农学国际合作项目、国家"八五""九五""十五"攻关项目、精准农业研究试验示范项目、土壤质量变化的预测预警项目（国家 973 项目）等，该方法已在全国 20 多个省市自治区广泛应用，特别是在近年来全国开展的测土配方施肥行动中发挥了重要作用，取得了显著的经济效益和社会效益。

ASI 法又称土壤养分状况系统研究法，在该方法中，使用专用的前处理设备和分析设备不仅可以提高分析的效率，还实现了土壤养分测定的系列化操作。该方法可测定土壤中的 15 个肥力指标（包括 11 种营养元素），即土壤碱溶有机质、pH、交换性酸、铵态氮（NH_4^+-N）、硝态氮（NO_3^--N）速效 P、K、Ca、Mg、S、B、Cu、Fe、Mn、Zn 等项目。本节主要介绍这些元素的测定原理与测定方法。

注意，在本节无特别注明时，所使用的水均为纯水。所有测定的实验室温度应控制在 20~25℃。

5.2.1 土壤碱溶有机质的测定

5.2.1.1 测定原理

该方法是在 A. Mehlich（1984）建议土壤有机质测定方法上改进而来的，其基本原理是：土壤有机质有 90% 以上是腐殖质组成的，土壤腐殖质中的胡敏酸和富啡酸均溶于碱，且呈棕褐色，当用碱提取土壤中的腐殖质时，在一定的浓度范围内，腐殖质的量与其颜色呈正比，即提取液的颜色越深，土壤有机质的含量越高。在一定的波长条件下，进行比色，可测定土壤有机质的含量。

在测定中，土壤有机质的提取剂采用氢氧化钠、EDTA 二钠和甲醇，其中氢氧化钠主要用于土壤中的胡敏酸和富啡酸的提取，EDTA 二钠主要用于大分子腐殖酸特别是与钙结合的腐殖酸的分散，甲醇主要用于降低土粒的表面张力，能使溶液与土粒充分接触。浸提后加入 Superfloc127 溶液主要是使土壤溶液中的土粒凝聚，使得上部溶液澄清，以利于比色。

该方法与 Mehlich 的测定方法和 Walkey-Black 的方法均具有高度的相关性。同时该方法测定简便，同时又减少了铬的污染，是一种较好的土壤有机质测定方法。

5.2.1.2 试剂配制

（1）浸提剂的配制。

称取 160g NaOH、74.4g EDTA 二钠，放入 1 000 mL 烧杯中，加水溶解，倒入已加水 5 L 的 25 L 塑料桶中，再加入 400 mL 甲醇，最后加水至 20 L，摇匀。最后各成分的浓度为 0.2mol/L NaOH-0.01 mol/L EDTA-2% 甲醇。

（2）Superfloc127 溶液。

溶解 Superfloc127：称取 5.0g Superfloc 127 放入 1 000 mL 烧杯中，加 5 mL 甲醇，边搅拌边加无离子水，最后加水至 1 000 mL。放置 12 小时，储备在密闭瓶中。每次根据所需重量取用必要的体积，取用前注意充分摇匀。

Superfloc127 溶液：将 0.5g（即 100mL）上述已溶解的 Superfloc127，加水定容至 10 L。

注：Superfloc 127 是一种高分子的非离子型聚丙烯酰胺，作为一种絮凝剂，其主要作用是使土壤胶体产生絮凝沉淀，从而加速溶液的澄清或浸提溶液的过滤而不影响测定结果。

5.2.1.3 操作步骤

用 1 mL 量样器量取 1 mL 土样，放入样品杯中，用浸提剂加液器加入 25 mL 浸提剂，在搅拌器上搅拌 10min，然后再加入 25 mL Superfloc127 溶液，摇匀后放置 20min。再用专用稀释加液器取 2 mL 上清液，加 10 mL 水，用 1cm 光径的比色杯，在 420 nm 波长处读其吸光度或透光率。

当溶液不清时，可将加 Superfloc127 后的溶液过滤，然后再用专用稀释加液器取过滤液 2 mL，加 10 mL 水，用 1cm 光径的比色杯，在 420 nm 波长处读其吸光度或透光率。同时做标准曲线，标准曲线的做法为：

称取在 105℃下烘干 4h 的纯腐殖酸 0.2500g（如果纯度不是 100% 时，换算成 0.5g 纯腐殖酸所需的重量），放入 500mL 容量瓶中，加入浸提剂 250mL，再用 Superfloc 127 溶液定容至 500mL，该溶液相当于 50mg/kg 的土壤碱溶有机质含量。然后用移液管分别吸取该溶液 10mL、8mL、6mL、4mL、2mL 和 0mL 于不同的土样杯中，再各分别吸取 0mL、1mL、2mL、3mL、4mL 和 5mL 浸提液和 Superfloc 127 溶液于上述土样杯中，此时，土样杯中的有机质含量分别相当于 25mg/kg、20mg/kg、15mg/kg、10mg/kg、5mg/kg 和 0mg/kg。然后，用专用稀释加器取上述标准系列 2 mL，加 10 mL 水，用 1cm 光径的比色杯，在 420 nm 波长处比色，分别读其吸光度或透光度。再用过原点线性方程拟合碱溶有机质含量与吸光度或透光率的关系。

5.2.1.4　结果计算

在 ASI 方法中，可用以下公式计算土壤碱溶有机质含量：

$$OM(g/L) = \frac{A \times K}{V} \tag{5-1}$$

式中：OM 是土壤有机质含量，单位为 g/L；

A 为吸光度。当读取透光率（T）时，$A = -\lg T$；

K 为标准系列中拟合的转换系数，当不过原点中，应加上截距；

V 为土壤样品的体积（mL）。这里 V = 1。

5.2.2　土壤有效磷、钾、铜、铁、锰、锌的测定

用一种浸提剂从土壤中同时浸提多种元素或离子进行测定一直是土壤养分测定中孜孜以求的目标，从 20 世纪 40 年代以来，人们一直在进行着多元素通用浸提剂的研究。理想的多元素通用浸提剂应具备以下条件：①适用于浸提尽可能多的元素；②快速；③重现性好；④价廉；⑤适于多种土壤类型；⑥可以代替现有方法；⑦便于仪器分析测定。在 ASI 方法中，土壤有效磷、钾、铜、铁、锰、锌的测定就采用多元素通用浸提剂，大大提高了分析的效率。

5.2.2.1 ASI 浸提剂与浸提方法

（1）浸提原理。

适用于土壤有效磷、钾、铜、铁、锰、锌测定的多元素通用浸提剂是在总结多年来国际上土壤测试和推荐施肥基础上提出的，其主要成分为 $NaHCO_3$、EDTA 二钠、NH_4F 和 Superfloc127。HCO_3^- 是石灰性土壤中有效 Ca-P 的理想提取剂，而且 $NaHCO_3$ 具碱性反应，它可以提取有效性 Fe-P 与部分有效性 Al-P；F^- 是一种重金属络合剂，对 Al 的络合能力最强，是 Al-P 的强力提取剂，同时它对 Fe^{2+} 也有一定络合能力；EDTA 作为金属螯合剂，对 Fe、Al 与 Ca 皆具螯合能力，它可从具表面活性的 Fe-P、Al-P 及 Ca-P 中螯合金属离子，使其中有效的固相活性磷进入溶液而被提取出，故它也是一种良好的土壤有效磷的通用提取剂，适合多种类型的土壤。浸提剂中 NH_4^+、Na^+ 均具有较强的代换能力，能将土壤中代换性钾提取出来，故与 NH_4COOH 法相关性较好。同时，由于 EDTA 及 F^- 等对金属元素的螯合、络合作用，使得土壤中有效 Zn、Cu、Mn、Fe 被提取出来。在浸提剂中的 Superfloc127 可有效阻止土壤颗粒的过于分散，使浸提溶液容易过滤澄清。该方法与我国土壤测定的常规化学方法呈显著相关。

（2）配制方法。

称取 210g $NaHCO_3$、37.2g EDTA 二钠、3.7g NH_4F，加水溶解，再加入 0.5g（即 100mL）已溶解的 Superfloc 127，最后，加水定容至 10 L，摇匀。浸提剂中各成分的最终含量为：0.25 mol/L $NaHCO_3$-0.01 mol/L EDTA-0.01 mol/L NH_4F。

注：Superfloc 127 配制方法为：称取 5.0g Superfloc 127 放入 1 000 mL 烧杯中，加 5 mL 甲醇，边搅拌边加无离子水，最后加水至 1 000 mL。放置 12 小时，储备在密闭瓶中。每次根据所需重量取用必要的体积，取用前注意充分摇匀。

（3）浸提步骤。

用 2.5mL 量样器量取 2.5mL 土样，用浸提剂加液器加入 25mL ASI 浸提剂，在搅拌器上搅拌 10min 后，用定量滤纸过滤。该滤液可供 P、K、Zn、Cu、Mn、Fe 的测定，以下分别介绍。注意搅拌速度不要过高，以每分钟 300～315 转为宜，否则使 Superfloc127 的链断裂，降低其效果。

5.2.2.2 土壤有效磷的测定

（1）方法原理。

浸提到溶液中的磷离子在一定酸度下可与钼酸铵络合生成磷钼杂多酸：

$$H_3PO_4 + 12H_2MoO_4 = H_3PMo_{12}O_{40} + 12H_2O$$

杂多酸是由两种或两种以上简单分子的酸组成的复杂的多元酸，是一类特殊的络合物。在分析化学中，主要是在酸性溶液中，利用 H_3PO_4 或 H_4SiO_4 等作为原酸，提供整个络合阳离子的中心体，再加上钼酸根配位使生成相应的 12-钼杂多酸。磷钼酸的铵盐不溶于水，因此在过量铵离子存在下，同时磷的浓度较高时，即生成黄色沉淀—磷钼酸铵 $[(HN_4)_3(PMo_{12}O_{40})]$。当少量磷存在时，加钼酸铵则不产生沉淀，仅使溶液略显黄色 $(PMo_{12}O_{40})^{3-}$，其吸光度很低，加入 NH_4VO_3 后，生成磷钒钼杂多酸。磷钒钼杂多酸是由正磷酸盐、钒酸和钼酸三种酸组合而成的杂多酸，称为三元杂多酸 $[H_3(PMo_{11}VO_{40}) \cdot nH_2O]$，根据这个化学式，可以认为磷钒钼酸是用一个钒酸根取代 12-钼磷酸分子中的一个钼酸的结果，三元杂多酸比磷钼酸具有更强的吸光作用，亦即有较高的吸光度。但在磷较少的情况下，一般用更灵敏的钼蓝法，即在适宜试剂浓度下，用抗坏血酸作为还原剂，使磷钼酸中的一部分 Mo^{6+} 离子被还原为 Mo^{5+}，生成一种叫作"钼蓝"的物质，钼蓝呈蓝颜色的，其颜色的深浅与溶液中的含磷量呈正比。通过比色，可测定出溶液中磷的含量。

（2）试剂配制。

磷溶液"A"

称 0.45g 三氧化二锑于 1 000 mL 烧杯中，加 5mL 浓 HCl 将其溶解，再加 300～400mL 水（溶液呈乳状），然后将烧杯浸于冷水中，边搅拌，边小心加入 145mL 浓 H_2SO_4。

将 7.5g 钼酸铵 $[(NH_4)_6Mo_7O_{24} \cdot 4H_2O]$ 溶解于 300mL 水中。

上述两种溶液冷却至室温后，混合，定容至 1 000 mL（在冰箱中可保存 10 周）。

磷溶液"B" 将 7g

无磷明胶溶解于 500mL 热水中，（如明胶含磷，冷却后使其通过阴离子交换树脂，再用 2 000 mL 无离子水把明胶洗净即可），稀释至 10 L，加入 10mL 0.01mol/L $AgNO_3$，以防止微生物生长。

注：0.01mol/L $AgNO_3$ 溶液的配制方法为：称取 0.17g 的 $AgNO_3$，加水 100ml 溶解，贮存于棕色瓶中备用。

磷显色液"C"

测定的当天，将 150mL 磷溶液"A"加到 1 000 mL 磷溶液"B"中，并加入 1g 抗坏血酸，溶解混匀后便可使用。

磷标准溶液

1 000 mg/L 磷（P）标准储备液：称取 4.07gCa $(H_2PO_4)_2 \cdot H_2O$（65℃烘 4h），溶解在 500mL 水中，加入 5mL 浓 HCl，定容 1 000 mL。

用移液管分别吸取 1 000 mg/L 的磷标准液 0mL、0.25mL、0.5mL、1.0mL 和

2.0mL 放入 100mL 容量瓶中，用 ASI 浸提剂定容至刻度。即为含磷为 0.0、2.5、5.0、10.0、20.0mg/L 的标准系列。具体操作时，可将磷和钾配制成混合标准系列，与土壤钾的测定同时进行。磷和钾配制成的混合标准系列见式 5-2。

（3）操作步骤。

用加液稀释器取 1mL 滤液，加 9mL 水和 10mL 磷显色液 "C" 于样品杯中，混匀，30min 后用分光光度计（波长 680nm）测定磷含量。同时做标准曲线。

测磷前，用原子吸收分光光度计测定显色液中 K 含量。

（4）结果计算。

$$P(mg/L) = \frac{A \times K \times 25}{V} \qquad (5-2)$$

式中：P 为土壤有效磷含量，单位为 mg/L。

A 为吸光度。

K 为标准系列中拟合的转换系数，当不过原点中，应加上截距。

25 为浸提剂的体积（mL）。

V 为土壤样品的体积（mL）。

5.2.2.3 土壤速效钾的测定

（1）方法原理。

溶液中钾离子的测定一般采用发射光谱法进行，其基本原理是：用压缩空气使溶液喷成雾状，与乙炔或其他气体混合燃烧，溶液中的钾离子可发射特定波长的光，光强度的大小与其含量成正比，用单色器分离后，由光电转换器将光能转化为电流，再由检流计检出光电流的强度，然后通过与标准曲线相比较，计算出溶液中钾离子的含量。

通过这个原理，溶液中钾离子的测定可在原子吸收分光光度计上进行，也可以用火焰光度计测定。这里主要介绍原子吸收分光光度计测定溶液中钾的方法。

（2）试剂配制。

由于采用发射光谱分析，除标准系列外，基本不需要其他试剂，这里主要介绍钾标准系列的配制方法。

1 000 mg/L 钾标准储备液：称取经 110℃ 烘干 2h 的 KCl 1.9068g 于 1 000 mL 容量瓶中，溶解后用纯水定容至 1 000 mL。

标准系列的配制：用移液管分别吸取 1 000 mg/L 的钾标准液 0mL、0.5mL、1.0mL、2.0mL 和 4.0mL 放入 100mL 容量瓶中，用 ASI 浸提剂定容至刻度。即为含钾为 0.0、5.0、10.0、20.0、40.0mg/L 的标准系列。具体操作时，磷和钾配制成混合标准系列见表 5-2。

表 5-2　磷、钾工作曲线浓度系列

系　列	P（mg/L）	K（mg/L）
[1]	0.0	0.0
[2]	2.5	5.0
[3]	5.0	10.0
[4]	10.0	20.0
[5]	20.0	40.0

（3）操作步骤。

在钾的测定中，往往和磷的测定同时进行，即用加液稀释器取 1mL 滤液，加 9mL 水和 10mL 磷显色液 "C" 于样品杯中，混匀，即可在原子吸收分光光度计上测定钾含量。同时做标准曲线。

在原子吸收分光光度计上测定钾，火焰采用空气-乙炔焰，波长为 766.5nm，狭缝宽 0.7nm，其线性范围为 2.0mg/L。注意一般采用 "火焰原子发射" 方法测钾结果更稳定。

测定完钾后，再用分光光度计测定溶液中的磷含量。

使用上述标准溶液，所测得的风干土中土壤有效磷（P）、钾（K）的含量是：

0.0，25.0，50.0，100.0，200.0mg/L 土壤；

0.0，50.0，100.0，200.0，400.0 mg/L 土壤。

（4）结果计算。

$$K(mg/L) = \frac{C \times 25}{V} \qquad (5-3)$$

式中：K 为土壤速效钾含量，单位为 mg/L。

C 为待测液中 K 的浓度，可从原子吸收分光光度计直接读出。

25 为浸提剂的体积（mL）。

V 为土壤样品的体积（mL）。

5.2.2.4　土壤速效铜、铁、锰、锌的测定

（1）方法原理。

溶液中铜、铁、锰、锌离子的测定一般采用吸收光谱法进行，其基本原理是：用压缩空气使溶液喷成雾状，与乙炔或其他气体混合燃烧，溶液中的铜、铁、锰、锌等离子可形成原子蒸汽，当光源辐射出具有待测元素特征谱线的光通过原子蒸汽时，原子蒸汽中的待测元素则会吸收这种具有特征谱线的光，由辐射特征谱线光的减弱程度来测定试样中的元素含量。所以，测定的元素不同，所用的辐射特征谱线的光源也不同。光强度的减弱程度与其含量成正比，再用单色器分离后，由光电转换器将光能转化为电流，再由检流计检出光电流的强度，然后通过与标准曲线相比较，计算出溶液中各离子的含量。

（2）试剂配制。

同测定钾一样，在原子吸收分光光度计上测定土壤中的铜、铁、锰、锌离子时，仅需配制其标准溶液和标准系列即可。这些元素的标准溶液也可从市场上购到，也可自行配制。

铜（Cu）、铁（Fe）、锰（Mn）、锌（Zn）标准储备液：用盐酸溶解纯金属元素，配制 1 000 mg/L 的标准储备液。或购买 1 000 mg/L 的铜（Cu）、铁（Fe）、锰（Mn）、锌（Zn）标准溶液。用移液管分别吸取铜标准液 10mL、铁标准液 50mL、锰标准液 20mL 和锌标准液 10mL 于 100mL 容量瓶中，用无离子水稀释至刻度，即为含铜（Cu）、铁（Fe）、锰（Mn）、锌（Zn）的浓度分别为 100 mg/L、500 mg/L、200 mg/L、100 mg/L 的混合标准储备液。

标准系列的配制：用移液管分别吸取上述混合标准储备液 0、0.5、1.0、2.0mL 于 100mL 容量瓶中，ASI 浸提剂定容至刻度。其中各元素的含量示于表 5-3。

表 5-3　铜、铁、锰、锌工作曲线浓度系列

系　列	Cu（mg/L）	Fe（mg/L）	Mn（mg/L）	Zn（mg/L）
[1]	0.0	0.0	0.0	0.0
[2]	0.5	2.5	1.0	0.5
[3]	1.0	5.0	2.0	1.0
[4]	2.0	10.0	4.0	2.0

使用上述标准溶液，所测得的风干土中土壤有效铜（Cu）、铁（Fe）、锰（Mn）、锌（Zn）的含量分别是：

0.0, 5.0, 10.0, 20.0mg /L 土壤；

0.0, 25.0, 50.0, 100.0mg /L 土壤；

0.0, 10.0, 20.0, 40.0mg /L 土壤；

0.0, 5.0, 10.0, 20.0mg /L 土壤。

（3）操作步骤。

用原滤液在原子吸收分光光度计上分别直接测定铜、铁、锰、锌离子含量即可（如个别样品浓度过高，可稀释后测定），同时作标准曲线。所有元素均采用空气-乙炔火焰，在铜测定中，波长为 324.8nm，狭缝宽 0.7nm，其线性范围为 5.0mg/L；在铁测定中，波长为 248.3nm，狭缝宽 0.2nm，其线性范围为 6.0mg/L；在锰测定中，波长为 279.5nm，狭缝宽 0.2nm，其线性范围为 2.5mg/L；在锌测定中，波长为 313.9nm，狭缝宽 0.7nm，其线性范围为 1.0mg/L。

（4）结果计算。

$$M(mg/L) = \frac{C \times 25}{V} \tag{5-4}$$

式中：M 为土壤有效铜、铁、锰、锌含量，单位为 mg/L。

C 为待测液中有效铜、铁、锰、锌的浓度，可从原子吸收分光光度计直接读出。

25 为浸提剂的体积（mL）。

V 为土壤样品的体积（mL）。

5.2.3　土壤交换性酸、速效氮、有效钙和镁的测定

土壤胶体上吸附的 H^+、Al^{3+}、NH_4^+、Ca^{2+} 和 Mg^{2+} 等阳离子在 K^+ 的代换作用下，可进入到溶液中。然后，分别采用碱滴定、比色和吸收光谱分析等手段测定其含量。NO_3^- 为阴离子，不为土壤胶体吸附，易于溶于水和中性盐（KCl、NaCl 等），用 KCl 浸提出的 NO_3^-，加入稀酸酸化，消除 OH、CO_3^{2-} 和 HCO_3^- 的干扰，在紫外可见分光光度计波长 210nm 处测定 NO_3^--N 含量。土壤有效氮即为 NH_4^+-N 与 NO_3^--N 含量之和。

5.2.3.1　浸提剂与浸提过程

（1）浸提剂的配制。

称取 745g KCl 溶解在约 5 000mL 的无离子水中，并加 0.25g（即 50mL）预先溶解的 Superfloc 127，再加无离子水至 10 L，摇匀。最终 KCl 的浓度为 1mol/L。

注意，Superfloc 127，它是一种高分子的聚丙烯酰胺，其主要作用是加速浸提剂的过滤而不影响测定结果。配制方法为：称取 5.0g Superfloc 127 放入 1 000 mL 烧杯中，加 5 mL 甲醇，边搅拌边加无离子水，最后加水至 1 000mL。放置 12 小时，储备在密闭瓶中。每次根据所需重量取用必要的体积，取用前注意充分摇匀。

（2）浸提过程。

用 2.5mL 量土器量取 2.5mL 土样，放入土样杯中，用浸提剂加液器加入 25mL 1mol/L KCl 浸提剂，放入搅拌器上搅拌 10 min，然后过滤。该滤液用于测定土壤交换

性酸、硝态氮、铵态氮、有效钙和镁（钠）。

5.2.3.2 土壤交换性酸的测定

（1）方法原理。

土壤交换性酸的测定与传统的氯化钾法测定交换性酸基本相同，即用 K^+ 交换土壤胶体上吸附的 H^+ 和 Al^{3+}：

$$\boxed{土壤} \, {}^H_{Al} + 4KCl + 3H_2O = \boxed{土壤} \, 4K + 4HCl + 3Al\,(OH)_3$$

通过氯化钾交换所产生的酸用 NaOH 滴定，然后根据 NaOH 消耗的量计算出交换性酸的量，该方法由于用氯化钾交换可能不够完全，所得的结果可能稍低。但考虑到它能与土壤的硝态氮、铵态氮和有效钙、镁的测定共用一套浸提剂，为了提高分析效率，选用了该方法。

（2）试剂配制。

0.01 mol/L 的标准碱溶液　称取 0.40g NaOH 用无离子水溶解定容至 1 000mL。然后用苯二甲酸氢钾标定。

标准碱溶液的标定方法为：在分析天平上称取经 105℃ 烘干过的苯二甲酸氢钾（分析纯）2.0422g，溶于水中，最后定容到 1 000mL，即为 0.0100mol/L 的苯二甲酸氢钾标准溶液。吸取该 10mL 溶液 3 份于 100mL 三角瓶中，用待标定的氢氧化钠溶液滴定，以酚酞作指示剂，由无色至微红色，保持半分钟不褪色即为终点，然后计算出氢氧化钠溶液的准确浓度。

或者，直接称取经 105℃ 烘干过的苯二甲酸氢钾（分析纯）少许，于 100mL 三角瓶中，用 25mL 水溶解后，以酚酞作指示剂，用待标定的氢氧化钠溶液滴定至终点，同时作两个重复。计算出氢氧化钠溶液的准确浓度。

酚酞指示剂　称取 0.5g 酚酞溶解于 50mL 乙醇（或甲醇）中，再加入 50mL 水即可。

（3）操作步骤。

用专用的溶液稀释器取 10mL 滤液，加入 15mL 去离子水于另一排样品杯中，再加入 3~4 滴酚酞指示剂，边搅边用 0.01 mol/L NaOH 滴定至粉红色。注意，在滴定时，可在样品杯下方垫上一张白纸，以利于观察终点。

（4）结果计算。

$$交换性酸(cmol/L) = \frac{N \times V \times 2.5}{W} \times 100 \times C \tag{5-5}$$

式中：N 为氢氧化钠溶液的准确浓度。

V 为滴定用去氢氧化钠溶液的体积（mL）。

2.5 为分取倍数，即从 25mL 滤液中吸取了 10mL 用于滴定交换性酸。

W 为样品体积（mL）。

C 为经验校正系数，一般采用 1.2~1.5。

也可用下面公式直接简便计算交换性酸含量：

交换性酸（$cmol/L$）＝ 样品滴定消耗的 0.01 mol/L NaOH 毫升数－空白（1mol/L KCl）滴定消耗的 0.01 mol/L NaOH 毫升数。

5.2.3.3　土壤硝态氮的测定

（1）方法原理。

NO_3^- 为阴离子，不为土壤胶体吸附，但它易溶于水和中性盐（KCl、NaCl 等）。用 KCl 浸提出的 NO_3^-，在紫外分光光度计波长为 210nm 处，有较高的吸光度，而浸出液中的其他物质，除 OH^-、CO_3^{2-}、HCO_3^-、NO_2^-、Fe^{3+} 等外，吸光度均很小。将浸出液加酸中和酸化，即可消除 OH^-、CO_3^{2-}、HCO_3^- 的干扰。NO_2^- 一般含量极少，也较易消除。因此，可用紫外分光光度法直接测定 NO_3^- 的含量。经试验，在土壤有机质含量不超过 3% 的情况下，275nm 处的吸光度较小，可以忽略不计，仅在 210nm 处，其吸光度与土壤硝态氮含量有较强的相关性，所以，本方法仅以单波长 210nm 处的吸光度计算硝态氮含量。需要指出的是，该方法的稳定性及其影响因素还有待于进一步探讨，本书介绍的方法谨供参考。

（2）试剂配制。

10%（V/V）H_2SO_4 酸化溶液

用移液管吸取 1 份的浓硫酸（98%，比重 1.98），加入 9 份的无离子水中，摇匀，冷却。

NO_3^--N 标准溶液的配制

NO_3^--N 标准储备液的配制：3.6071gKNO$_3$（105℃ 烘 4h）于 1 000mL 容量瓶中，加水定容至刻度。该溶液含 NO_3^--N 量为 500mg/L。

NO_3^--N 标准系列溶液的配制：用移液管分别 NO_3^--N 标准储备液 0、0.5、1.0、2.0 和 4.0mL 于 100mL 容量瓶中，用 1 mol/L KCl 浸提剂定容至刻度，该标准系列溶液 NO_3^--N 浓度为 0.0、2.5、5.0、10.0、20.0mg/L。由于 NH_4^+-N、NO_3^--N、Ca^{2+}、Mg^{2+} 同时浸提，NO_3^--N 标准系列溶液可配制成混合工作曲线，浓度系列见表 4-4。

（3）操作步骤。

用专用加液稀释器吸取 1mL 滤液，加 2mL10% H_2SO_4 溶液和 9mL 去离子水。摇匀后，在紫外分光光度计上 210nm 处测定其吸光度或透光率。以同样方法酸化 NO_3^--N

标准系列溶液，以标准系列的 1 号作为参比溶液调节仪器的零点，测定标准系列溶液吸光度或透光率。

（4）结果计算。

$$N(mg/L) = \frac{A \times K \times 25}{V} \qquad (5-6)$$

式中：N 为土壤硝态氮含量，单位为 mg/L。

A 为吸光度。

K 为标准系列中拟合的转换系数，当不过原点时，应加上截距。

25 为浸提剂的体积（mL）。

V 为土壤样品的体积（mL）。

5.2.3.4 土壤铵态氮的测定

（1）方法原理。

土壤铵态氮是土壤速效氮的重要组成部分，测定土壤 NH_4^+-N 的方法主要有直接蒸馏法和浸提法两类，直接蒸馏法是在 MgO 的存在下直接蒸馏土壤，但此法在弱碱性蒸馏时仍可能使一些简单的有机氮微弱水解有 NH_3 蒸出，易使结果偏高，同时该方法操作复杂，不适于大批量分析。故在 ASI 方法中采用氯化钾溶液提取土壤中的 NH_4^+，提取液中的 NH_4^+ 用靛酚蓝比色法，靛酚蓝比色法的灵敏度高，准确度也较高，适合于大批量样品的自动化分析。

靛酚蓝比色法的基本原理是：土壤胶体上的 NH_4^+ 被 K^+ 交换下来后，在强碱性介质中与次氯酸盐和苯酚反应，生成水溶性染料靛酚蓝，其深浅与溶液中的 NH_4^+-N 含量呈正比，线性范围为 0.05~0.5mg/L。

（2）试剂配制。

NaOH 溶液 将 27g NaOH、3g EDTA 二钠、5g 醋酸钠溶解于 1 000 mL 水中，储存于聚乙烯瓶中备用。其中 EDTA 二钠作为金属离子的掩蔽剂，防止干扰。醋酸钠可增加颜色的稳定性。

90%苯酚溶液 将 90g 苯酚溶解于 100mL 水中。注意苯酚易潮解结块，不便取用，可在新购苯酚时把它配成 90%苯酚溶液，用前摇匀。

碱性苯酚溶液 测定当天，将 36mL 90%苯酚溶液加到 250mL 上述 NaOH 溶液中，混匀。

次氯酸钠（NaClO）溶液 在 4 L 的水中加入 1 000 mL NaClO 溶液即可（NaClO 中活性氯含量不小 5%）。

NH₄⁺-N、NO₃⁻-N、Ca、Mg 标准液的配制

标准储备液的配制：称取 3.8210g NH_4Cl（65℃ 烘 4h）、3.6071g KNO_3（105℃ 烘 4h）、27.745g $CaCl_2$（105℃ 烘 4h）于 1 000 mL 容量瓶中，加水定容至刻度。该溶液含 NH_4^+-N、NO_3^--N、Ca 的浓度分别为 1 000 mg/L、500 mg/L、10 000 mg/L。

另将 1.0000 克金属 Mg（分析纯以上）溶于少量盐酸溶液 [c（HCl）= 6 mol/L] 中，用水洗入 1 000 mL 容量瓶定容，Mg 的浓度为 1 000 mg/L。也可直接购买 1 000 mg/L Mg 标准溶液。

用移液管分别吸取上述 NH_4^+-N、NO_3^--N、Ca 的混合标准液 0、5.0、10.0、20.0 和 40.0 mL 于 1 000 mL 容量瓶中，再分别吸取 0、12.5、25、50、100 mL、1 000 mg/L Mg 标准溶液在对应浓度的 1 000 mL 容量瓶中，用 l mol/L KCl 浸提剂定容至刻度配制工作曲线，该溶液各元素浓度系列示于表 5-4。

表 5-4　NH₄⁺-N、NO₃⁻-N、Ca、Mg 工作曲线浓度系列

系 列	NH₄⁺-N（mg/L）	NO₃⁻-N（mg/L）	Ca（mg/L）	Mg（mg/L）
[1]	0.0	0.0	0	0.0
[2]	5.0	2.5	50	12.5
[3]	10.0	5.0	100	25.0
[4]	20.0	10.0	200	50.0
[5]	40.0	20.0	400	100.0

使用上述标准溶液，所测得的风干土中土壤有效 NH_4^+-N、NO_3^--N、Ca、Mg 的含量分别是：

0，50，100，200，400 mg /L 土壤；

0，25，50，100，200 mg /L 土壤；

0，500，1 000，2 000，4 000 mg /L 土壤；

0，125，250，500，1 000 mg /L 土壤。

（3）操作步骤。

用加液稀释器取 3mL 滤液，加入 4mL 碱性苯酚溶液和 10mL 次氯酸钠溶液于样品杯中，放置 30min 后，用分光光度计在 630nm 处比色，读取吸光度或透光率。同时用混合标准液用同样方法做标准曲线。

（4）结果计算。

$$N(mg/L) = \frac{A \times K \times 25}{V} \tag{5-7}$$

式中：N 为土壤铵态氮含量，单位为 mg/L。

A 为吸光度。

K 为标准系列中拟合的转换系数，当不过原点时，应加上截距。

25 为浸提剂的体积（mL）。

V 为土壤样品的体积（mL）。

5.2.3.5 土壤有效钙、镁的测定

（1）方法原理。

溶液中钙、镁离子测定同样采用吸收光谱法进行，其基本原理同铜、铁、锰、锌等的测定。但与它们不同的是，溶液中的钙、镁离子容易与 P、Al、Si、S 及其他阴离子形成稳定化合物，这些化合物不能在火焰上部分分解或不能全部分解，这样就会减少参与吸收或发射的被测元素的原子数目，所以在测定过程中往往加一些释放剂，其作用是让释放剂与干扰的阴离子进行反应来阻止它与被测元素共同开成的稳定化合物。在钙、镁离子的测定中，主要使用镧盐或锶盐作为释放剂。

（2）试剂配制。

1% 镧溶液称取 59g La_2O_3 放入 1 000 mL 烧杯中，加入约 50 mL 水，然后小心加入 250 mL 浓 HCl，使之溶解。注意加 HCl 时动作一定要慢，并把烧杯放在冷水中冷却，否则溶液会沸腾溢出，最后定容至 5 L。该试剂为抗干扰剂，也可用氯化锶溶液代替。

（3）操作步骤。

用加液稀释器吸取 1mL 滤液，加 9 mL 水，10mL 1% 镧溶液，混匀，用原子吸收分光光度计测定 Ca、Mg 含量。同时作标准曲线。两种元素均采用空气–乙炔火焰，在钙测定中，波长为 422.7nm，狭缝宽 0.7nm，其线性范围为 5.0mg/L；在镁测定中，波长为 285.2nm，狭缝宽 0.7nm，其线性范围为 0.5mg/L。

（4）结果计算。

$$M(mg/L) = \frac{C \times 25}{V} \tag{5-8}$$

式中：M 为土壤有效钙、镁含量，单位为 mg/L。

C 为待测液中有效钙、镁浓度，可从原子吸收分光光度计直接读出。

25 为浸提剂的体积（mL）。

V 为土壤样品的体积（mL）。

5.2.4 土壤中有效硫、硼的测定

土壤中的有效硫和有效硼均以阴离子的形式存在，所以在测定过程中，为了提高

分析效率，可采用 Ca（H_2PO_4）$_2$一次性浸提的方法。

5.2.4.1　浸提剂与浸提过程

（1）浸提剂的配制。

称取 20.2g Ca（H_2PO_4）$_2$·H_2O 放入 1000mL 烧杯中，加约 800mL 水，加入 10 mL 浓 HCl 使之溶解，再加入 0.5g 已溶的 Superfloc 127，然后再加入 15 mL 0.01 mol/L Ag-NO_3，以防止微生物生长。最后定容至 10 L，注：硝酸银是适量的，如有一些氯化银沉淀出来无碍。

（2）浸提过程。

用 5 mL 量土器量取 5 mL 土样，置于样品杯中，用浸提剂加液器加入 25 mL 浸提剂，在搅拌机上 10min，过滤。该滤液用于测定土壤有效硫和有效硼。

5.2.4.2　土壤有效硫的测定

（1）方法原理。

溶液中硫含量的测定采用比浊法，其基本原理为：经提取进入溶液中的硫基本上以 SO_4^{2-} 的形式存在，在酸性介质中，SO_4^{2-} 和 Ba^{2+} 作用生成溶解度很小的 $BaSO_4$ 白色沉淀，当沉淀量较小时，形成的 $BaSO_4$ 白色沉淀以极细的颗粒悬浮在溶液中，当一定波长的光通过溶液时，沉淀颗粒会对光有一种阻碍作用，即会使通过的光量减少，沉淀颗粒越多，对光的阻碍作用越大，光的衰减量与沉淀颗粒的数量呈正比，通过检测光的衰减量，可间接计算出溶液中 SO_4^{2-} 的含量。由于 $BaSO_4$ 沉淀的颗粒大小与沉淀时的温度、酸度、$BaCl_2$ 的局部浓度、静止时间长短等条件有关，所以测试样品的条件应尽可能一致，以减小误差。

（2）试剂配制。

1 000 mg/L 硫溶液

称取 5.435g K_2SO_4 溶解后定容至 1 000 mL 容量瓶中即可。

混合酸溶液

在 500 mL 水中加入 130 mL 浓 HNO_3，400 mL 冰醋酸，10g 已溶解的聚乙烯吡咯烷酮（PVP-K30）（预先称 10g PVP-K30，溶解在约 300mL 的水中），最后加 6 mL 1 000 mg/L 硫溶液（如工作曲线或土壤样品中 S 的含量低，浓度低时标准曲线不成直线，故加入等量 S 溶液，使 S 浓度提高），定容至 2 L。

醋酸溶液

将 120 mL 冰醋酸加入已盛有纯水的 1 000 mL 容量瓶中，定容至刻度。

$BaCl_2$ 溶液

将 15.0g $BaCl_2$·$2H_2O$ 溶解在 100 mL 上述冰醋酸溶液中。该溶液需当天配制。根据所测样品量计算所需配 $BaCl_2$ 溶液体积。

硫、硼混合标准溶液配制

标准溶液原液配制：称取 8.154g K_2SO_4（105°C 烘 4h）、0.5720g 干燥的优级纯 H_3BO_3 于 1 000 mL 容量瓶中，加水溶解后定容刻度。该溶液中 S 和 B 的浓度分别为 1 500 mg/L 和 100mg/L

用移液管分别吸取上述标准液 0、0.5、1.0、2.0mL 于 100mL 容量瓶中，用浸提剂定容至刻度。该系列溶液各元素的浓度列于于表 5-5。

表 5-5　S 和 B 工作曲线浓度系列

系列	S（mg/L）	B（mg/L）
[1]	0.0	0.0
[2]	7.5	0.5
[3]	15.0	1.0
[4]	30.0	2.0

使用上述的标准系列浓度，所测得的风干土中土壤有效 S、B 的含量分别是：

0.0，37.5，75.0，150.0 mg /L 土壤；

0.0，2.5，　5.0，　10.0　mg /L 土壤。

（3）操作步骤。

用专用稀释加液器取 7 mL 滤液，加 9 mL 混合酸溶液和 4 mL $BaCl_2$ 溶液，混匀。放置 10min 后，在分光光度计上以 535nm 的波长比浊，读取吸光度或透光率，在 30min 内比浊完毕。同时作标准曲线。

注意，测硫时的所有溶液不应低于 23℃，否则影响测定结果。

（4）结果计算。

$$S(mg/L) = \frac{A \times K \times 25}{V} \qquad (5-9)$$

式中：S 为土壤中硫的含量，单位为 mg/L。

A 为吸光度。

K 为标准系列中拟合的转换系数，当不过原点时，应加上截距。

25 为浸提剂的体积（mL）。

V 为土壤样品的体积（mL），这里为 5。

5.2.4.3 土壤中有效硼的测定

（1）方法原理。

溶液中硼的测定采用姜黄素比色法，该测定是在酸性条件下进行的。其基本原理是：姜黄素是由植物中提取的黄色色素，以酮型和烯醇型存在，它可与硼络合形成玫瑰红色的络合物玫瑰花青苷，玫瑰花青苷溶于甲醇后呈橙黄色，其颜色的深浅与溶液中的硼的含量呈正比。通过比色，可测定出溶液中的含硼量。注意，显色时应严格控制显色条件，以保证玫瑰花青苷的形成，否则重现性不好。注意在硼的测定中，所用的器皿不应含硼。

（2）试剂配制。

姜黄素溶液 称取 0.75g 姜黄素，加入 20 mL 乙二醇，混匀，再加 1 000mL 的冰醋酸，摇动使姜黄素溶解。该溶液需每周新配。

浓硫酸 比重 1.84 的浓硫酸。

甲醇 无水甲醇。

（3）操作步骤。

用专用溶液稀释器吸取 0.5 mL 滤液，加 3.5 mL 姜黄素溶液，混匀；再用加液器加入 1 mL 浓硫酸（加浓硫酸时产生热量，应使用聚乙烯烧杯，烧杯应倾斜，使硫酸能直接加到溶液中），混匀，放置 1.5h；然后再用专用加液器加入 15 mL 甲醇，混匀。放置 25min 后，在分光光度计上用 555nm 的波长进行比色，读取吸光度或透光率，并在 60min 内比色完毕。用同样方法做标准曲线。

（4）结果计算。

$$B(mg/L) = \frac{A \times K \times 25}{V} \qquad\qquad (5-10)$$

式中：B 为土壤硼的含量，单位为 mg/L。

　　　A 为吸光度。

　　　K 为标准系列中拟合的转换系数，当不过原点时，应加上截距。

　　　25 为浸提剂的体积（mL）。

　　　V 为土壤样品的体积（mL），这里为 5。

5.2.5 土壤酸碱度的测定

土壤酸碱度是土壤重要的基本性质之一，大多数作物必需营养元素的有效性与土壤的 pH 值有关，所以，了解土壤的酸碱度状况，对了解土壤养分的有效性、施肥推荐均具有重要意义。在进行土壤养分测定的同时，土壤 pH 值的测定也是不可缺少的指标之一。

5.2.5.1 方法原理

土壤 pH 值测定的方法大致可分为电位法和比色法两大类，随着分析仪器的进展，土壤实验室基本上都采用了电位法，电位法有准确、快速、方便等优点。在 ASI 方法采用了电位法，其基本原理是：用酸度计测定土壤悬浊液的 pH 值时，由于玻璃电极内外溶液 H^+ 活度的不同产生电位差。

$$E = 0.0591 \log \frac{a_1}{a_2} \tag{5-11}$$

式中：a_1 为玻璃电极内溶液 H^+ 活度，该值是固定不变的。

a_2 为玻璃电极外溶液 H^+ 活度，即待测溶液中 H^+ 的活度。

通过上式可以看出，玻璃电极内外的电位差仅决定于试液中 H^+ 的活度，其负对数值即为 pH 值。通过酸度计上的转换，可直接从酸度计上读出溶液的 pH 值。

5.2.5.2 试剂配制

(1) pH 值 4.01 标准缓冲溶液。称取经 105℃ 烘干过的苯二甲酸氢钾（$KHC_8H_4O_4$，分析纯）10.21g 于 1 000mL 容量瓶中，溶解后定容至刻度。

(2) pH 值 6.87 标准缓冲溶液。称取经 50℃ 烘干过的磷酸二氢钾（KH_2PO_4，分析纯）3.39g 于 1 000mL 容量瓶中，溶解后定容至刻度。

(3) pH 值 9.18 标准缓冲溶液。称取硼砂（$Na_2B_4O_7 \cdot 10H_2O$，分析纯）3.39g 于 1 000mL 容量瓶中，溶解后定容至刻度。

5.2.5.3 操作步骤

(1) 仪器校准。

用标准缓冲液校准酸度计时，必须用两个不同 pH 值的缓冲液，一个为 pH 值 4.01，一个为 pH 值 6.87，或一个为 pH 值 6.87，一个为 pH 值 9.18，视测定土壤的 pH 值而定，以接近土壤的 pH 值为宜。具体测定方法见第六章。注意，校准时，两个缓冲液测定的允许偏差应在 0.02 以内（pH 值 7.00±0.02）。如果产生较大的偏差，则必须更换电极并检查仪器。

(2) 土壤 pH 值的测定。

用量样器取 10 mL 土样放入样品杯中，用浸提液加液器加入 25 mL 的纯水，在搅拌机上搅拌 10min，放置 30min，然后用搅拌式酸度计测定 pH 值。直接读取读数即为土壤的 pH 值。

第6章 土壤养分图的制作

在地理信息系统中，为了得到面域数据，除采用遥感等手段外，一般都是先采取一定的样点，然后，通过这些样点的属性，采用空间插值的方法，获得面域数据，在土壤养分管理中，土壤养分面域数据的获得，基本上全部是依靠点面转换而来。

所谓点面转换，就是将样点数据转换为面域数据的过程，特别是在土壤养分管理中，为了研究土壤养分的空间分布状况和精准养分管理，就必须绘制精确的土壤养分图。传统的方法是根据分析结果，按一定的地貌单元绘制成一定比例的地图，然后进行再研究与应用。由于土壤属性的空间变异性，这种方法的局限性显而易见。为了反映土壤属性的空间变异性，要求土壤样点的密度越大越好，然而，由于种种原因的限制，在采样过程中，一般都不能达到制图的精度要求，这就需要在已知样点间进行空间预测。再则，在进行土壤养分管理，特别是在推荐施肥过程中，由于经济效益等原因的限制，在较大的范围内，采样点的密度不可能涉及每一个管理单元，这样，在没有取样点的管理单元内也必须进行空间预测。其准确性的高低直接影响到土壤养分管理的效益。本章介绍几种常用的空间插值的方法。

6.1 空间插值的基本原理

6.1.1 距离幂指数反比法

距离幂指数反比法（The inverse distance to a power）是一种权重平均内插值法。其基本原理是：该技术假定样点间的信息是相关的，且依距离间隔变化是相似的。因此，在进行空间插值时，估测点的信息来自于周围的已知点，信息点距估测点的距离不同，它对估测点的影响也不同，其影响程度与距离呈反比：即：在一定范围内，待估点（B

点）的估计值 Z^*（B）为已知测点 Z（X）的线性和，可用公式表示为：

$$Z^*(B) = \sum_{i=1}^{n} \lambda_i Z(x_i) \tag{6-1}$$

式中：$Z^*(B)$ 为待估点的估计值，$Z(x_i)$ 为已知点的土壤属性值。λ_i 为已知点 i 点的权重，该权重与待估点与 i 点之间距离的幂指数呈反比，可用公式表示为：

$$\lambda_{iz} = \frac{1}{d_i{}^a} \tag{6-2}$$

式中：λ_{iz} 为绝对权重，d 为待估点与已知点之间的距离。a 为幂指数，幂指数的大小决定着距离的权重，使用较大的幂指数时，距待估点较近的数据点几乎占用了全部的权重，反之，权重在数据点中分布均匀。在实际计算时，每一个权重都用一个分数表示，且权重之和为 1。即：

$$\lambda_i = \frac{\lambda_{iz}}{\sum_{i=1}^{n} \lambda_{iz}} \tag{6-3}$$

这样可以保证

$$\sum_{i=1}^{n} \lambda_i = 1 \tag{6-4}$$

所以，估测值来源已知点的信息，可以证明，该方法是一种较精确的空间预测方法之一。

距离幂指数反比法是一种较为快速的插值方法，在计算机上，当数据点少于 500 个时，可以用所有的已知点数据进行计算，并且插值过程也较快。这是目前较常用的插值方法之一。

6.1.2　克里格插值法

6.1.2.1　克里格（Kriging）模型概述

克里格（Kriging）的空间预测最早用于地质矿产储量的估计。近年来多用于土壤属性，特别是土壤养分的空间预测。用矿业术语来讲就是根据一个块段（或盘区）内外的若干信息样品的某种特征数据，对该区段（盘区）的同类特征的未知数据做一种线性无偏、最小方差估计的方法；从数学角度抽象地说，它是一种求最优、线性、无偏内插估计量（Best Linear Unbiased Estimator 简写为 BLUE）。更具体地说就是在考虑了信息样品的形状、大小及其与待估块段相互之间的空间分布位置等几何特征以及变量的空间结构信息后，为了达到线性、无偏和最小估计方差的估计，而对每一个样品分别赋予一定的权重系数，最后用加权平均法来对待估块段（或区盘）的未知量。也

可说克里格 （Kriging） 方法是一种特定的滑动加权平均法，或特定的距离反比法。在目前的众多插值方法中，Kriging 方法是理论体系最完整的一种插值方法，它不仅能较为准确地估计出预测点的土壤属性值，还能估算出该预测值的方差，从而对预测值的准确程度有一种了解。所以，克里格法被公认为最优内插法[9-11]。

随着克里格 （Kriging） 方法的不断发展和完善，对各种不同情况及目的，可采用不同的克里格 （Kriging） 方法。目前所采用的克里格 （Kriging） 方法大致有：

在满足二阶平稳 （或本征） 假设时可用普通克里格法。

在地质矿产中，计算可采储量时，需要用非线性估计量，就可用析取克里格法。

当区域化变量服从对数正态分布时，可用对数克里格法。

当数据较少，分布不大规则，对估计精度要求不太高时，可用随机克里格法。

近年来，还有新发展的因子克里格法和指示克里格法等。

6.1.2.2 Kriging 插值的基本方法

在许多情况下，我们在对某一区域进行土壤属性的调查时，由于种种原因，所测的点密度不能满足规定的要求，但也不可能进行更加精细的调查。这就必须在测点间增加一定的估计值，这就是土壤属性空间预测的必要性所在。但是，待估计点信息必须来源于已测得的点，这些点称为信息点。有时，需估测的是一个点，有时需估测的是一个区域。所以，克里格法分为点克里格和块克里格。这里主要讨论点克里格的情形。

这里首先假定待估点 （B 点） 的估计值 $Z^*(B)$ 为已知测点 $Z(X)$ 的线性和，即：

$$Z^*(B) = \sum_{i=1}^{n} \lambda_i Z(x_i) \tag{6-5}$$

式中，λ_i 是和已知测点有关的权重。

我们希望，这个估计是一个无偏估计，即：

$$E[Z(B) - Z^*(B)] = 0 \tag{6-6}$$

式中：$Z(B)$ 为土壤属性在待测点 （B） 处的真值，为了满足其无偏条件，即：

$$E[Z^*(B)] = E[Z(B)] \tag{6-7}$$

当：

$$E[Z^*(B)] = m \text{ 时，} \tag{6-8}$$

也就是：

$$E\left[\sum_{i=1}^{n} \lambda_i Z(x_i)\right] = \sum_{i=1}^{n} \lambda_i E[Z(x_i)] = m \tag{6-9}$$

所以，只有在以下条件下，才能保证这一点，即：

$$\sum_{i=1}^{n} \lambda_i = 1 \qquad (6-10)$$

6.1.2.3 预测误差的估计

克里格插值的优点之一不仅能估测出待测点的预测值，而且还能估算出该预测值的方差。为了使估计方差最小，估计值的方差是估计值与真值之间差平方的期望值，即：

$$\sigma_E^2(B) = E\,[Z(B) - Z^*(B)]^2 = 2\sum_{i=1}^{n}\lambda_i\gamma(x_iB) - \sum_{i=1}^{n}\sum_{j=1}^{n}\lambda_i\lambda_j\gamma(x_ix_j) - \gamma(B,\ B)$$

$$(6-11)$$

式中，$\lambda(x_i,\ x_j)$ 是两点的半方差，可由半方差函数计算求得。$\lambda(x_i,\ B)$ 是 x_i 和样块内所有点的平均半方差，$\lambda(B,\ B)$ 是样块内的平均半方差。

在点克里格情况下，上式最后一项 $\lambda(B,\ B) = 0$，$\lambda(x_i,\ B)$ 为 x_i 和估计点之间的半方差，如果：

$$\sigma_E^2(B) \to \text{minimum} \qquad (6-12)$$

其限定条件是 $\sum_{i=1}^{n}\lambda_i = 1$，用拉格朗日乘子法（Lagrange）可得：

$$\sum_{i=1}^{n}\lambda_i\gamma(x_i,\ x_j) + \psi = \lambda(x_i,\ B) \qquad (6-13)$$

$$j = 1,\ 2,\ \cdots n$$

式中 ψ 为拉格朗日乘子。

这样，我们有 n 个未知数再加上拉格朗日乘子和 n 个方程及无偏估计条件可求得 λ_i（n 个）和 ψ。其方程组的形式为：

$$A\begin{bmatrix}\lambda\\\psi\end{bmatrix} = b \qquad (6-14)$$

在求解上面方程组后，我们求得 λ_i，估计方差也可求出：

$$\sigma_E^2 = b^T\begin{bmatrix}\lambda\\\psi\end{bmatrix} - \bar\gamma(B,\ B) \qquad (6-15)$$

式中：b^T 为矩阵 b 的转置，可以看出，克里格方法不但提供了最小方差的无偏估计，而且也给出了估计方差量，如果认为其偏差服从正态分布，在一定概率下的估测值范围为：

$$Z^*(B)\ \pm P\cdot\sigma_E^2 \qquad (6-16)$$

式中：P 为分布概率。

通过以上的介绍，这种方法不仅可以进行空间预测，还能进行预测后的风险分析等，目前许多软件中都有该插值的方法。这也是目前土壤养分插值最常用的方法之一。

6.1.3　不规则三角网模型

不规则三角网模型（Triangular irregular network）插值有时也称线性插值（Linear Interpolation），它也是一种较为精确的插值方法。这种方法的原理是：首先将已知样点用直线连接起来，形成多个三角形，且每个三角形的边都互不交叉，形成一个三角网。在每个三角形的边上，均认为根据两点间数值的变化是线性的，这样就可以在原始样点的基础上增加许多值。然后根据这些值，在一定的网格密度下，形成等值线或栅格数据面。

三角网插值方法在数据点为 200~1 000 个、且分布比较均匀时，空间预测的效果较好，数据稀疏时会影响插值的质量。当数据点超过 1 000 个时，该方法在计算机上运行的速度会减慢。这种模型常用于地理学上的高程、坡度、坡向等分析。在 Arc/Info 的地理信息系统软件中使用较多。

需要注意的是，三角网插值不像距离幂指数反比法和 Kriging 法那样，可以在给定的区域内都能进行预测，三角网插值只能在数据点以内的区域内进行插值，而不能在数据点以外的区域插值。所以，如果采用这种方法进行土壤养分的空间插值时，采样点必须达到研究区域的边缘，否则，在数据点以外的区域会形成无数据区。

除上述三种常用的方法外，还有最小曲率法（Minimum Curvature）、多项式衰减法（Polynomial Regression）、半径基本函数法（Radial Basis Functions）、Shepard 法（Shepard's Method）等，除 Kriging 方法外，其他方法均没有考虑到土壤属性的空间变异特点，有些是将已知数据平均，有些是用纯几何的加权平均法。因此这些方法在具体使用中都存在着一定的局限性。随着计算机技术的发展，许多软件，特别是地理信息系统软件、地统计学软件等都能进行空间插值。

6.2　土壤养分图的制作技术

土壤养分图是精准农业中土壤养分管理的基础，也是研究土壤养分空间变异特征的基本方法之一。然而，土壤养分图不像地形图和行政图那样可通过现有地图直接数字化而成。土壤养分图必须在野外采样、室内化验的基础上，经过一系列数学处理才能制成土壤养分的分布图。目前制图的软件很多，但都存在着一定的局限性，随着 GPS 技术的发展，可以使得土壤养分图的制作大为简便。本节通过在 ArcGIS 中的 Work station 平台上，以一村为例，介绍土壤养分图的基本制作过程。

6.2.1　土壤养分图制作流程

土壤养分图的制作过程可分为网格取样、数据库建立、采样点导入、数据库链接、空间插值、养分分类等步骤。其流程示于图 6-1。

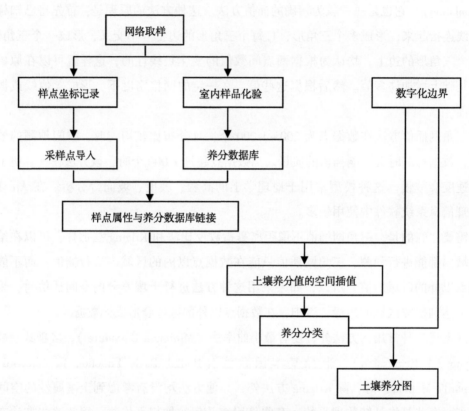

图 6-1　土壤养分图制作流程

6.2.2　土壤养分图的制作过程

6.2.2.1　建立土壤养分数据库

建立土壤养分数据库的方法很多，不同的数据库平台，其方法各异。当土壤养分仅用于土壤养分制图时，可建立较为简单的数据库，或将电子表格的养分数据存为数据库格式的文件即可。在 Arc/Info 平台上制图时，最好将土壤养分的分析数据存为 Dbase Ⅲ 文件格式。

为了和 Arc/Info 较好地实现链接，土壤养分数据库可转化为 info 文件，命令为：

arc：dbaseinfo nutrient. dbf nutrient. dat（nutrient. dbf 为土壤养分数据库库文件名，

nutrient. dat 为 info 文件名)

注意，当使用 ArcMap 进行养分插值时，可链接普通 EXCEL 文件，不必进行转化。

6.2.2.2　采样点坐标导入，建立采样点图层

土壤养分的田间采样结束后，在土壤养分分析的同时，即可建立采样点图层，根据采样时是否使用 GPS，这里将其分为两类介绍。

(1) 使用 GPS 时的采样点图层建立。

当采用 GPS 定位的方法采取土壤时，每一个采样点均有一个样品编号和 X、Y 的坐标，如表 6-1。这时，在 EXCEL 上将其保存为 CSV 格式 (逗号分隔)，并将文件复制到 work station 的工作目录下，然后运行下列命令：

表 6-1　样点文件在 EXCEL 上的格式

6	112. 981256	34. 962081
7	112. 981142	34. 961189
8	112. 981025	34. 960133
9	112. 973933	34. 959142
10	112. 980756	34. 958242
11	112. 980669	34. 957331
…	…	…
71	112. 978237	34. 961808
72	112. 976975	34. 961894

Arc：generate *ptcov* (建立一个名为 *ptcov* 的图层)

Generate：input *pt. file* (从文件 *pt. file* 上导入样点号与样点坐标)

Generate：points (输入导入属性，其中：point 为点、line 为线、poly 为多边形)

Generating points...

Generate：quit (退出)

Externalling BND and TIC...

此时，土壤采样点的编号与坐标全部导入 Arc/Info 系统，为了和土壤养分数据库实现链接，需要给土壤采样点图层建立拓扑关系。可用以下命令：

Arc：Build *ptcov* point　　(给名为 *ptcov* 的图层建立点属性的拓扑关系)

建立拓扑关系后，在工作目录中形成一个名为 *pycov. pat* 的属性文件，该属性文件含有 AREA、PERIMETER、PTCOV#和 PTCOV-ID 四个字段，其中 PTCOV-ID 字段为样点编号，该编号可以作为以后链接的关键字段。

注意，这时的样点图层为大地投影（Geographic），需要将其转化为圆锥投影（Albers），转换的方法在第 4 章中已介绍。

（2）不使用 GPS 采样时的点图层建立。

不使用 GPS 采样时，须将采样点精确标记在大比例尺的地形图上，然后通过地图的数字化，将土壤采样点数字化，这样也可以得到网格采样点的绝对坐标（大地坐标）和相对坐标。具体步骤如下。

建立图层文件：

arc：create *ptcov*（建立一个名为 *ptcov* 的图层文件）

arc：info（进入 Info 模块，注意在该模块下，输入的符号必须是大写）

ENTER USER NAME> ARC

ENTER COMMOND> SEL PTCOV. TIC（选择名为 PTCOV. TIC 的文件，该文件为新建图层的控制点文件）

ENTER COMMOND>ADD（增加控制点，控制点不得少于 4 个）

IDTIC，XTIC，YTIC（手工输入控制点的编号、X 坐标、Y 坐标）

………

［ENTER］（控制点输入结束）

ENTER COMMOND> SEL COVER. BND（选择名为 PTCOV. BND 的文件，该文件为新建图层的边界文件）

ENTER COMMOND> UPDATE（更新边界）

RECNO？> 1（输入更新的记录号，一般边界文件只有一个记录，记录号为 1）

？> XMIN = XXXXX（输入 X 坐标的最小值）

？> YMIN = XXXXX（输入 Y 坐标的最小值）

？> XMAX = XXXXX（输入 X 坐标的最大值）

？> YMAN = XXXXX（输入 Y 坐标的最大值）

RECNO？> ［ENTER］（按回车键退出输入）

ENTER COMMOND>Q STOP（退出 Info 模块）

Arc>

至此，建立了采样点图层和图层的控制点文件和边界文件。

数字化采样点：

建立好采样点文件后，可在数字化仪上将采样点数字化，也可进行屏幕数字化。这里主要介绍在数字化仪上进行数字化的基本步骤，其基本命令如下：

Arc：&station 9100*（运行数字化仪的驱动程序）

Arc：ae（进行图层编辑模块）

Arcedite：ec *ptcov*（编辑 *ptcov* 图层）

Arcedite：de tic ids（显示控制点及编号）

Arcedite：draw（显示图形）

Arcedite：coordinate digitizer pt*cov*（用数字化仪上的鼠标进行数字化 ptcovl 图层）

然后，将数字化仪上的鼠标放在 TIC 点上，先按 TIC 的编号，然后按 A 键，再按 B 键。依次按下其他 TIC，最后按 0 和 A 结束。屏幕出现误差值。

Arcedite：nodesnap closest 20（设定最小点误差）

Arcedite：arcsnap on 5（设定最小线误差）

Arcedite：intersectarcs all（将线交叉点设为一个 node）

Arcedite：ef point（编辑点属性）

Arcedite：add（增加点）

数字化点时，1 为 point，数字化线时，2 为 node 点，1 为 vertex 点。均经 9 结束。

Arcedite：save（保存文件）

数字化采样点结束后，用 build 命令建立图层的拓扑关系（同 2.4.1）

属性赋值：

通过数字化仪数字化的样点，其编号是按数字化的顺序编排的。为了能有一个字段与土壤养分数据库相链接，就需要在点文件的属性数据库中增加一个字段，以便和土壤养分数据库链接。增加字段的命令为：

Arc：additem *ptcover. pat ptcover. pat* num 4 4 b

以上命令的意义为在 *ptcover. pat* 文件中增加一个名为 num 的字段，宽度为 4 个字节，显示宽度也为 4 个字节，为字节型。

增加好字段后，需要给该字段赋值，赋值的命令为：

Arc：ae

Arcedite：display 9999 3

Arcedite：ec ptcov

Arcedite：draw

Arcedite：ef point

Arcedite：&term 9999

Arcedite：forms

此时，在屏幕上开出一个 forms 窗口，将地图窗口上黄色点的编号输入，然后按［NEXT］输入下一个点编号，输入完后，关闭 forms 窗口，保存修改后的图层文件即可。

（3）边界文件的建立

边界文件的数字化与点文件的数字化基本相同，边界为线属性，数字化完后，可用下列命令对数字化的图层进行修改编辑：

Arcedite：de node error（显示错误结点）

Arcedite：extend vertex（移动拐点至线段上）

Arcedite：node unsplit（删除多余结点）

Arcedite：vertex move（add、delete）（移动、增加和删除拐点）

用这些命令修正图层后，保存图层。退出 Arcedite 模块

对编辑好的边界图层，建立多边形拓扑关系，以用作土壤养分图的边界。

6.2.2.3　采样点与数据库链接

采样点图层文件和土壤养分数据库建好后，需要建立采样点图层属性数据库与土壤养分数据库的链接，以用于土壤养分的空间插值，其命令为：

arc：relate add（增加一个链接）

Relation name：relation_ name（输入链接名称，relation_ name 为链接名称）

Tableidentifer：nutrient. dat（输入的链接土壤养分数据库名称，这里已将土壤养分数据库转为了 info 文件）

Database name：info（输入链接的数据库类型）

Info item：num（输入数据库的链接字段）

Ralate column：num（输入与属性表链接的字段）

Relate type：ordered（链接类型）

Relate access：rw（链接过程）

Relation name：<enter>（结果链接）

建立好链接关系以后，可将链接关系保存，以便以后再用。下次使用时，可恢复链接关系。

Arc：relate save filename. rel（将链接关系保存为 filename. rel 文件）

Arc：relate restore filename. rel（恢复链接关系）

6.2.2.4　养分插值，生成养分分布的栅格图层

在 Arc/Info 系统中，有两种方法可将点数据转化为面数据，一种为 Kriging 插值法[9]，另一类为 TIN 模型，其原理在本书的《土壤养分空间预测的基本方法》一文中详细介绍，这里主要介绍使用 Kriging 插值的基本方法。其命令为：

Arc：Kriging <in_ point_ cover> <out_ lattice> {variance_ lattice} {spot_ item} {in_ barrier_ cover} {BOTH ｜ GRAPH ｜ LATTICE} {method} {SAMPLE {num_ points} {max_ radius} ｜ RADIUS {radius} {min_ points} }

命令中的各项含义为：

in_ point_ cover：插值的点图层文件名。

out_ lattice：输出的栅格文件名。

variance_ lattice：输出的方差文件名。

spot_ item：用于插值的字段，当使用链接时，应为：filename. rel//item。即 filename. rel 为链接文件名，item 为被链接文件中需要插值的字段。

in_ barrier_ cover：边界图层文件名。

BOTH ｜ GRAPH ｜ LATTICE：这三个选项为方差图的输出方式，当选择 both 时，即输出半方差图，也输出一个数值文件。选择 Lattice 时，仅输出半方差图。

Method：选择半方差模型。在 Arc/Info 系统中，使用的半方差模型有：Spherical（球状模型）、Circular（环状模型）、Exponential（指数模型）、Gaussian（高斯模型）、Linear（线性模型）和两个自定义模型。可根据土壤养分空间变异的特性选择模型。

SAMPLE 和 RADIUS 为插值时所使用信息点的点数或范围。

6.2.2.5　养分分类，生成养分等值线图

通过对养分的插值，可得到土壤养分的分布图。但是，要对土壤养分进行管理与评价时，就需要对养分图进行分类，以得到养分的等值线图。其命令为：

Arc：Latticepoly <in_ lattice> <out_ cover> <SLOPE ｜ ASPECT ｜ RANGE ｜ NODATA ｜ BOX ｜ EXTENT> {lookup_ table} {z_ factor}

命令中的各项定义为：

in_ lattice：输入的栅格文件名。

out_ cover：输出的等值线图层文件名。

SLOPE ｜ ASPECT ｜ RANGE ｜ NODATA ｜ BOX ｜ EXTENT：该选项使用 RANG 即可。

lookup_ table：输入分类表文件，不输入时，需要手工键入，后面介绍关于该文件的建立方法。

z_ factor：输入容差。在土壤养分图制作中可不使用该项。

使用该命令后，系统将形成一个属性为多边形、名称为 out_ cover 的土壤养分等值线图，lookup_ table 文件的建立方法：在栅格文件转化为等值线文件中，等值线的值与密度均由分类表文件决定。分类表文件由三个字段组成，一个为记录号（RECORD）；另一个为代码（RANGE），可用于养分类别代码；第三个为养分范围（RANGE-

CODE)，定义养分类别代码的范围。以下命令可建立分类表文件：

arc：info

ENTER USER NAME> ARC

INTER COMMAND> DEFINE NUTR. LUT（建立一个名为 NUTR. LUT 的分类文件）

1

ITEM NAME> RECORD，4，4，B（增加一个名为 RECORD 的字段）

2

ITEM NAME> Range，4，4，B（增加一个名为 RANGE 的字段）

3

ITEM NAME> Range-code，8，8，F，2（增加一个名为 RANGE-CODE 的字段）

INTER COMMAND> ADD（添加记录）

1

RECORD> 1（输入第一个记录号）

RANGE> 1（输入第一个养分类别代码）

RANGE-CODE> 10（输入第一个养分类别代码的养分范围的最大值）

2

RECORD> 2（输入第二个记录号）

RANGE> 2（输入第二个养分类别代码）

RANGE-CODE> 20（输入第二个养分类别代码的养分范围的最大值）

……

n>［Enter］（结束输入）

INTER COMMAND> Q STOP（退出 Info 模块）

至此，土壤养分图制作完毕。

6.3　利用 ArcMap 制作土壤养分图

6.2 节介绍了利用 ArcGIS 中 Work Station 来制作养分图，本节将介绍利用 ArcMap 来制用养分图，将并图层输出的过程。

6.3.1　制图前的材料准备

在制作养分图前，需要将以下材料准备完毕

（1）案例区地块矢量图。

该图就是第四章中矢量化的案例区地块图。注意，为了进行推荐施肥，需要在该图上加上一个地块种植作物的信息，即加上一个作物类型的字段，以便以后根据不同的作物类型进行推荐施肥。

（2）样点分布图。

该图是采样点的分布图，在制作过程在 6.2.2.2 中已介绍。

（3）样点的养分含量表。

该文件是通过实验室分析，得到的不同样点的土壤养分含量，普通的 EXCEL 文件即可。注意，在该文件中必须含有与制作样点图时相同的样点编号，以便与样点属性表中的样点编号进行链接。

6.3.2　养分图制作步骤

养分图制作的具体步骤为，首先打开 ArcMap，加载地块图层和采样点图层，链接采样点文件和样点的养分含量表，选择养分进行插值，养分修饰等。

6.3.2.1　链接采样点文件和样点的养分含量表

具体步骤为：

在 ArcMap 界面的左侧栏中，选中采样点文件图层，击鼠标右键，选择 "joins and relates" 栏中的 "Joins" 项（图 6-2）。

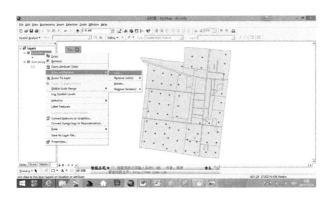

图 6-2　属性表链接菜单

点击 "Join"，系统弹出如下窗口（图 6-3）

在窗口的最上一栏，选择 "Join attribute from table" 选项，意思为从表格文件中链接属性。

在 "Choose the field in this layer that the join will be based on：" 栏中选择 "XXX-ID" 字段。其中采样点 XXX 文件名，ID 为采样点编号。即用 XXX-ID 为样点图层属性

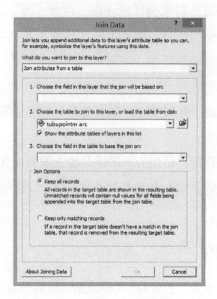

图 6-3　属性文件链接窗口

表中的链接关键字段。

在 "Choose the table to join this layer, or load the table from disk" 栏中选择样点养分含量表文件。点击右侧的 "🖼" 图标，可在窗口中选择文件（图 6-4）

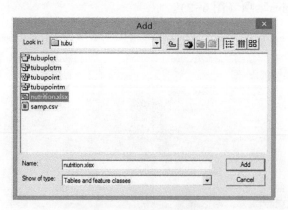

图 6-4　链接文件选择窗口

注意，如果链接的文件中普通 EXCEL 表，则需要选择养分数据是存放在哪一个工作区中（图 6-5），双击数据所在的工作表即可。

在 "Choose the field in the table to base the join on:" 栏中选择 "样点编号"。

然后点击 "OK" 按钮。然后，再在 ArcMap 的左侧栏上，右击采样点图层文件，点击 "Open Attribute Table" 选项（图 6-6），可看到此时采样点文件属性表上链接了土壤养分的信息（图 6-7）。

图 6-5　EXCEL 工作表选择窗口

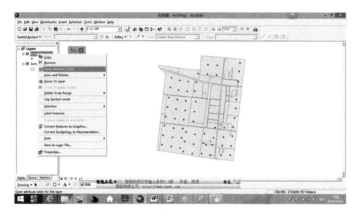

图 6-6　打开属性表操作

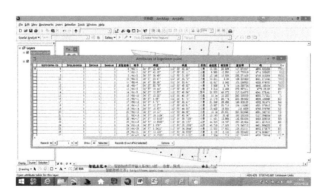

图 6-7　链接后的采样点文件属性表信息

6.3.2.2　养分插值

养分插值是 GIS 中空间分析的内容，所以首先需要添加空间分析模块并设置空间分析环境。

6.3.2.2.1 添加空间分析（Spatial Analyst）模块

（1）添加模块。

空间分析模块是 ArcGIS 外带的扩展模块，使用时需要加载。加载空间分析（Spatial Analyst）的具体操作为：首先启动 ArcMap，单击 Tools 菜单下的"Extensions…"，勾中"Spatial Analyst"选项，单击"Close"按钮。然后在 ArcMap 的菜单区击鼠标右键，选择"Spatial Analyst"工具，Spatial Analyst 工具就会出现在工具栏中（图 6-8）。

图 6-8 加载空间分析模块

（2）分析过程设置。

在 GIS 的空间分析过程中，由于分析过程较为复杂，系统会产生一些新的文件或临时文件。所以，在进行空间分析前，需要对空间分析过程进行一些必要的设置。

为了能使空间分析"Spatial Analyst"出现在工具栏中，下拉主菜单"View"（图 6-9），在"Toolbar"栏的次级菜单级上勾中"Spatial Analyst"选项，"Spatial Aanalyst"菜单就会出现在工具栏中。

（3）工作路径与坐标系统设置。

该设置的内容是在分析过程中，将所有的临时文件或新生成的文件，不指定存放路径时，均存放在该文件夹中，具体的设置方法如下：

在工具栏上下拉"Spatial Analyst"菜单，点击"Options"栏，系统会弹出一个 Options 对话框（图 6-10），上面有三个选项卡，点击"general"选项卡，在"Working"栏中选择空间过程中的工作目录。以后的分析过程中的临时文件会存放在

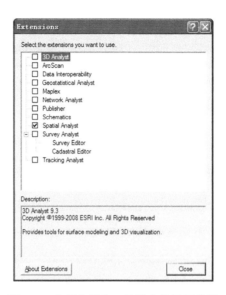

图 6-9 空间分析在工具栏上的显示菜单

该目录中，同时，新生成文件的默认目录也是该目录。

图 6-10 空间分析的 Options 对话框

在"Analysis Coordinate System"栏中选择输出文件的坐标系统，第一项为分析结果的坐标系统取用第一个具有坐标系统的栅格数据集的坐标系统，第二项为分析结果坐标系统取用当前活动的数据集的坐标系统。

设置完成后，点击"确定"按钮。

（4）分析区域设置。

在"Options"对话框中，点击"Extent"选项卡（图 6-11），在"Analysis extent"

栏中有多个选项，分别是：

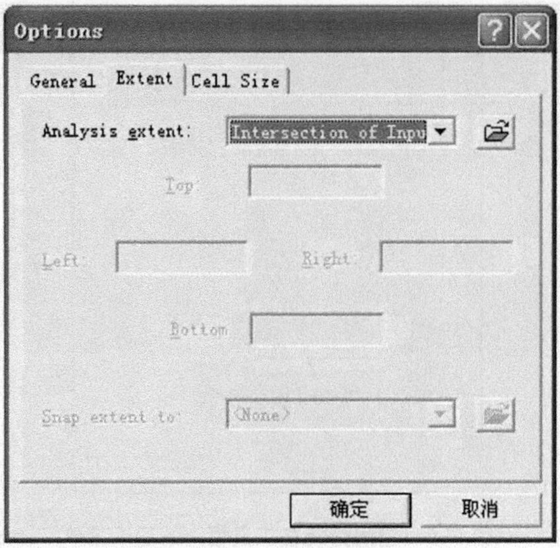

图6-11 分析范围设置对话框

"Same as Display"：在地图的可视区域上进行分析。

"Intersection of Input"：在输入栅格图层的交集上进行分析。

"Union of Input"：在输入图层的并集上进行分析。

"As Specified Below"：自己定义分析范围。

当选择"As Specified Below"选项时，需要下边的上、下、左、右范围栏中设置边界，以作为空间分析的范围。

"Snap extent to"栏中设置栅格数据集的捕捉范围，即输出的所有栅格数据单元与指定的栅格数据单元一致。

选择与地块文件范围相同，即选择"Same as layer" XXXXX""，（图6-12）其中XXXX是地块文件的文件名，注意，所在窗口中打开的文件都会出现在选项中。如果找不到地块文件，说明该文件没有打开。

设置完成后，点击"确定"按钮。

关于分析范围方面，也可以通过掩码进行设置，具体的方法中在"General"选项卡中（图6-12）的"Analysis mask"栏中，选择一个掩码文件，以后的分析只在掩码文件范围内进行。

（5）单元大小设置。

在"Options"对话框中，点击"Cell Size"选项卡（图6-13），其中"Analysis cell"栏中有三个选项。

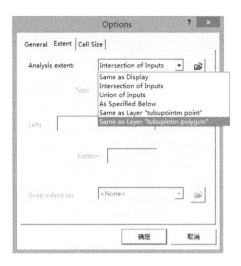

图 6-12　空间分析中分析范围设置窗口

图 6-13　单元大小设置对话框

"Maximum of Inputs"：输入栅格数据集中的最大值。即按空间分析过程中输入图层最高分辨率的单元大小处理。

"Minimum of Inputs"：输入栅格数据集中的最小值。即按空间分析过程中输入图层最低分辨率的单元大小处理。

"As Specified Below"：采用自定义的栅格大小进行处理，自定义的值在以下的设置中。有两种方式自定义栅格的大小，第一种是在"Cell size"栏中直接输入；第二种是按输入的行数（Number of row）和列数（Number of columns）计算出栅格的大小。

6.3.2.2.2　养分插值并生成养分栅格图层

设置好空间分析环境后，可进行养分插值。具体步骤如下。

（1）下拉空间分析（spatil Analyst）菜单，点击"Interpolate to Raster"（图 6-14），在该菜单下有三种插值方法，一是"Inverse Distance Weighted"，一个是"Spline"，另一个是"Kriging"，它们分别是本章所述的"距离幂指数反比法"、一个是"样条法"，最后一个是"克里格法"，不同方法有不同的参数，这里以"距离幂指数反比法"为例进行介绍。

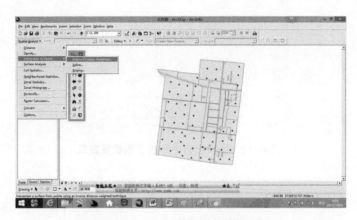

图 6-14　空间分析中的插值菜单

（2）点击"Inverse Distance Weighted"栏，系统弹出"距离幂指数反比法"参数设置窗口（图 6-15）

图 6-15　"距离幂指数反比法"参数设置窗口

该参数共有 9 项内容，首先输入点文件，即链接有养分值的采样点文件；选择需要插值的字段，可下拉，选择所需的养分字段；第三个是输入幂的次方数，注意，次方数越大，对距离越近样点的依赖度越强；第四个选项是决定待估点时使用样点的类型，有两种方式，一种是可变方式（Variable），另一种是固定方式（Fix），当选择可变方式时，需要输入使用的样点数和最大距离内的样点，如果选择固定方式时，需要输入样点范围的距离和最少样点数；第八个选项是形成栅格文件是分辨率，也就是栅格的大小，注意，如果用于空间分析时，同一地点的图层分辨率需要相同。最后一栏是输入输出图层的文件名和路径。注意，不选择路径时，会把输出文件放在设定的目录下（见空间分析的环境设置）。

　　参数输入完后，点击"OK"按钮，生成的栅格图层会自动打开在窗口中（图 6-16）。

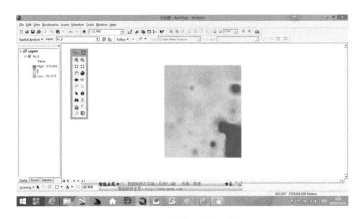

图 6-16　插值后的栅格图

6.3.2.3　图层修饰

6.3.2.3.1　建立修饰图层

　　如果对图层进行修饰，必须要建立一个二值的修饰图层，具体的步骤如下。

　　将矢量的地块图进行栅格转化。

　　下拉"Spatial Analyst"菜单，选中"Covert"栏，点击该栏下的"Feature to Raster"项（图 6-17）。系统弹出一个矢量转栅格的对话框（图 6-18），该对话框有四项内容，首先选择转化的图层，这里使用地块图层名；第二项是选择字段，最好选择一个值全部是1的字段，选择其他项时，输出的文件不是二值文件；第三项是输入输出图层的栅格大小，这里一定要与插值的养分图层一致；最后一项是输出图层的文件名及路径。这里以土地利用字段为例进行操作，输入完后，点击"OK"即可，系统完成转换后，会自动显示在窗口上（图 6-19）。

　　在这个栅格文件中，栅格的赋值是以土地利用类型赋值的（表 4-2），这里还需要对该文件进行再分类，也就是，将农田以外，不需要显示养分的地方全部赋值为0。注意，原来没有数据的地方，还是没有数据，这种为将来对其他图层的修饰效果较好。具体的操作如下。

　　下拉空间分析（spatial analyst）菜单，点击"reclassify…"项（图 6-20），系统会

图 6-17　转化菜单

图 6-18　矢量转栅格的对话框

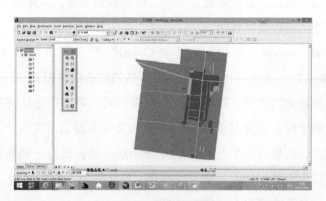

图 6-19　转换后效果显示

弹出一个窗口（图 6-21），最上面一栏是需要再分类的文件名，下面是分类的值，再下面一栏是对旧值进行再分类的值数栏，在这个案例中，将旧值除 1 以外的其他值全部无数据（No Data），无数据栏不要改。最下面一栏是输出的文件名和路径，完成后，点击"OK"即显示是需要建的修饰文件（图 6-22）。

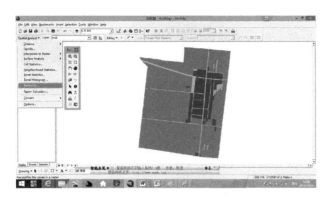

图 6-20　再分类菜单

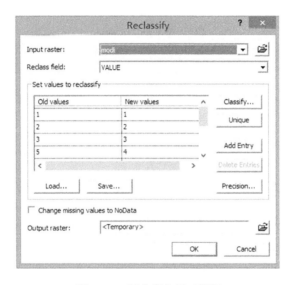

图 6-21　再分类分析对话框

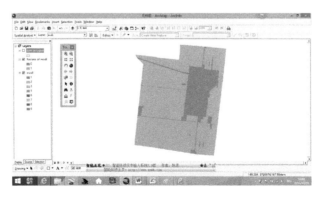

图 6-22　修饰文件显示

6.3.2.3.2　完善土壤养分图

　　建立好修饰图层后，可利用修饰图层对插值好的养分图进行完善，这涉及地理信息系统中的栅格图层叠加分析，其原理是：将养分图用相乘的方式与修饰图层叠加（图 6-23），由在修饰图层中，农田部分的值为 1，与养分图层相乘后，还是原来的养分值，而非农田部分，无数据，相乘后，其值均为无数据，这样就得到了农田部分的养分图。

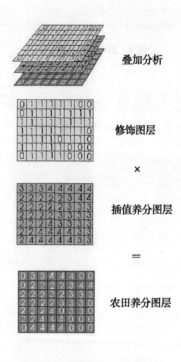

叠加分析

修饰图层

×

插值养分图层

=

农田养分图层

图 6-23　叠加分析原理图示

　　具体步骤如下。

　　（1）下拉空间分析（spatial analyst）菜单，点击 "Raster Calculator…" 项（图 6-24），系统会弹出一个窗口（图 6-25），在对话框的下面窗口中写上叠加分析的表达式，点击 "Evaluate" 按钮即会将输出图层显示在窗口上（图 6-26）。表达式的写法为：

　　［输出文件名］＝［输入文件 1］＊［输入文件 2］

　　其中输入文件 1 和 2 没有顺序关系，一个是修饰图层，另一个是养分图层即可。

6.3.2.3.3　地块土壤养分图的制作

　　对于以地块精准（Field specific）为目的的精准施肥来说，需要对每一个地块的土壤养分有一个值来表示，可以是养分的平均值、也可以是众数，在特殊情况下，也可以用最小值或最大值来指导施肥，所以，制作出基于地块的养分图十分重要，这里以

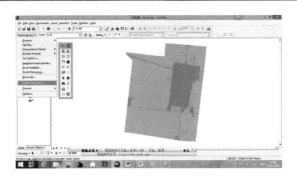

图 6-24　空间分析中的图层叠加菜单

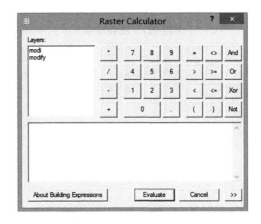

图 6-25　图层计算器对话框

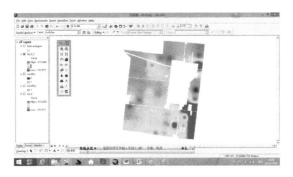

图 6-26　农田养分图示

块平均养分含量为例来介绍基于地块的单一养分值的养分图制作方法。需要的基础图件有两个，一个是地块的矢量图，另一个是地块的插值养分图。具体步骤如下。

（1）在 ArcMap 上打开地块图和地块养分图（图 6-27）。

（2）点击工具栏上的"　"图标，打开"Arctool box"窗口（图 6-28）。

（3）点开空间分析工具（Spatial Analyst tools）栏，在该栏下再点开次一级菜单区分析（Zonal）栏，再在次一级菜单下双击区统计（Zonal Statistics）栏。系统会弹出一

图6-27　图件准备

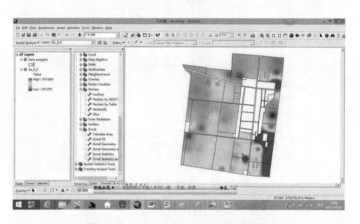

图6-28　"Arctool box"窗口显示

个对话框（图6-29）

（4）在第一栏中输入地块图层的文件名，如果打开在窗口上，直接点栏右侧的下拉图标，即可找到；第二栏中选择地块名称的字段，如果没有地块名称，选XXX#字段即可，注意，XXX为文件名；在第三栏中选择地块养分的栅格文件名，如果打开在窗口上，直接点栏右侧的下拉图标，即可找到；第四栏是输出文件的名称。最后一栏是输出图层所用的统计值，这里选择平均（Mean），输入完后，点击"OK"即可，新生成的图层会自动显示在窗口上。（图6-30）。

同时，也可以用区统计中的生成统计表功能，生成一个基于地块的养分统计表，然后再通过表链接的方式生成不同统计值的地块养分图，也可以把基于地块的养分表输出成DBF格式，在EXCEL进行计算，计算出不同地块的施肥量，然后再用表链接的方式生成施肥图。读者可以自己试着做一下。

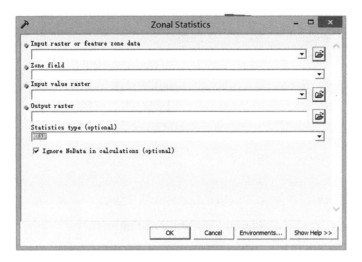

图 6-29　区统计对话框

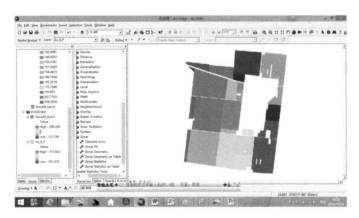

图 6-30　新生成的地块单一养分值图层

6.3.3　施肥图制作步骤

制成地块养分图后，可根据施肥模型，再制成施肥图。具体步骤如下。

（1）打开 ArcMap，加载地块单一养分值图层。

（2）根据施肥模型，对地块单一养分值进行再分类，生成不同地块的施肥量图（图 6-31）具体方法可参见 6.3.2.3 节的再分类方法。

6.4　图件制作

以前介绍的养分图成生与分析是土壤养分制作的基础，只是数据层面的内容，不

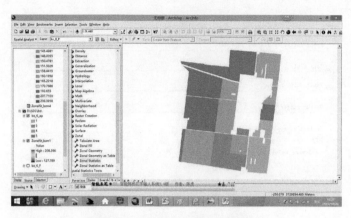

图 6-31　不同地图的施肥量图示

是一个完整的以地图形式输出的图件，本章将介绍精准养分管理中，各种图件的输出方式以及以河南省温县白庄村土壤养分精准管理的图件制作范例。

6.4.1　养分图输出

本节以土壤有效锌的栅格图为例，介绍养分图的输出过程。

6.4.1.1　加载数据层

启动 ArcMap，在加载数据选项中点中"A new empty map"（图 6-32），按"OK"，在工具栏中单击"❖"图标，弹出添加数据对话框（图 6-33），选择数据文件所在位置。

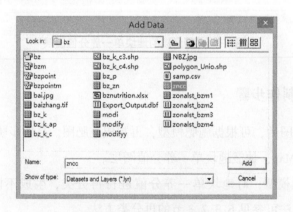

图 6-32　启动加载数据窗口

然后选择所需打开的文件，按"Add"按钮，土壤有效锌文件就会添加到地图显示窗口（图 6-34）。

图 6-33　添加数据窗口

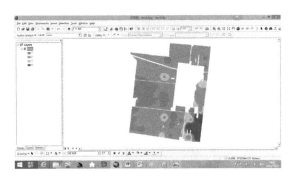

图 6-34　图层文件显示

6.4.1.2　显示设置

在左侧栏中，选中图层名，击右键，选择"属性（Properties…）"选项，系统会弹出一个图层属性对话框，点击"符号（Symbology）"选项卡（图 6-35）。

6.4.1.3　属性修改

点击左侧的色块，可改变颜色，给每一级选择适合的颜色。然后点击中部的"Label"项，可将每一项改为能代表本级特征的汉字（图 6-36）。以后，可用该项作为图例使用。修改完成后，点击"确定"，修改后的属性值会显示在左侧的侧栏中。

6.4.2　图层输出

与任何 GIS 一样，ArcGIS 在屏幕上显示的内容需要输出在纸面上，以利于不同的用途，大多数 GIS 输出最普遍的格式就是地图。这种类型的输出通常使用绘图仪或打

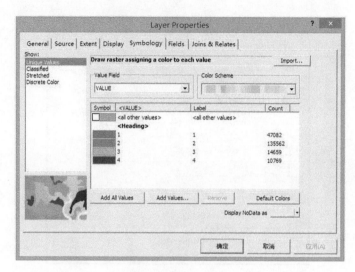

图 6-35　图层属性中的符号（Symbology）属性

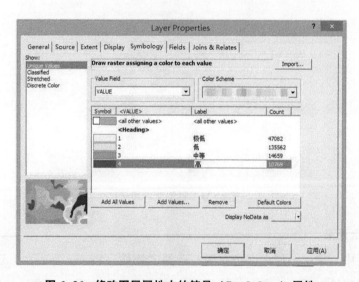

图 6-36　修改图层属性中的符号（Symbology）属性

印机。GIS 的输出格式远比地图多样。数据库中的信息可以显示为两种格式，即图形和表格，并且可以输出到屏幕和打印机上。

6.4.2.1　ArcGIS 不同的显示方式

在屏幕上的地图显示窗口下部，除滚动条外，还有两种不同显示方式图标，即

，其中图标 为数据显示格式，上节所显示的就是数据显示方式，这里主要使作另一种显示方式，即输出显示方式，图标为 。

点击图标 ，屏幕上的地图显示窗口会改变为图 6-38。其中的边框即是输出的页

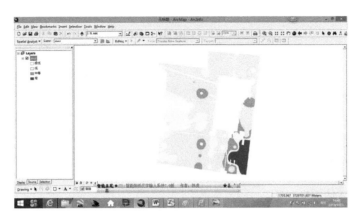

图 6-37　修改图层属性显示

面，可通过主菜单中的"Page and Print Setup"选项根据不同图的特点设定输出页面的大小和方向。

图 6-38　地图输出界面

6.4.2.2　输出要素添加

当页面设定好以后，还需要在页面上添加地图输出的必要要素，如题目、图例、比例尺等。一般转到页面输出界面后，图层数据就在其中（图 6-38）。点击图层，可通过托拽图层周围的方块，来改变图层的大小，以适应输出页面。

当层图位置也大小确定后，可通过主菜单上的"Insert"菜单添加其他组件，如标题（Title）、说明文字（Text）、边框（Neatline）、图例（Legend）、指北针（North Arrow）、比例尺（Scale Bar）、图片（Picture）及其他对象（Object）（图 6-39）。

添加完地图要素后，要对各要素进行摆放。在要素摆放过程中，要坚持几个原则，一是数据图层要放在显著位置，尽可能大；二是整幅图面要平衡，将重要程度高的要素摆放在显眼位置，不要在整个图幅上留大量空白；三是色调要平衡，在颜色应用上避免反差过大，或特别刺眼的颜色。图 6-40 是案例村河南省温县白庄村的土壤有机质

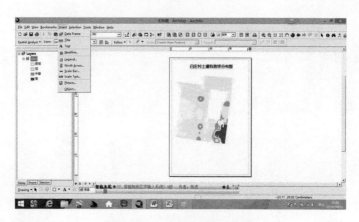

图 6-39　输出要素添加菜单

的分布图。

图 6-40　输出面页要素举例

6.4.2.3　页面输出

完成地图图件的各项要素添加后，可将图件输出成不同格式的文件，具体操作为：下拉主菜单上的"File"菜单，点击"Export Map"项，系统弹出一个对话框（图 6-41），选择适当的位置和文件类型进行保存。与一般的文件保存不同，在该对话框中，可在下部选择保存文件（图像）的精度和色彩格式等。

图 6-41　输出文件对话框

6.4.3　保存工程

在 ArcGIS 操作过程中，如果没有完成或完成后要保存已做工作，可对正在处理的工作进行保存。具体操作为：下拉主菜单上的"File"菜单，点击"Save As"项，可将目前的工作保存下来，形成一个后缀为 mxd 或 mxt 的文件。下次打开 ArcGIS 时，可在启动加载数据窗口中直接加入。

第 7 章　施肥量的确定

土壤养分测试的目的主要有两个方面：一是进行土壤评价，二是指导施肥。对土壤速效养分的测试而言，后者的作用显然更大。众所周知，目前用化学方法还不能完全区分土壤中能被作物吸收的速效养分和不能被作物吸收的迟效养分，特别是不同的测试方法所测定的土壤速效养分含量差异很大，所以，每一种测定方法必须要有一个土壤速效养分的评价指标和推荐施肥指标，同时还要建立一套施肥推荐的模型，以适应测土配方施肥的需要。目前基于土壤养分测定进行推荐施肥的方法主要有两种，一是养分指标法或称养分丰缺指标法，另一种是平衡法或称目标产量法。本章介绍以 ASI 方法为基础的施肥配方确定方法。

7.1　施肥总量的确定

肥料施用量是影响作物产量和农业经济效益的重要因素，在施肥过程中，确定施肥量的方法很多，但能适应于测土施肥的主要有两个，即养分指标法和目标产量法。

7.1.1　养分指标法

养分指标法是测土施肥最经典的方法，它的原理是基于土壤营养元素的化学原理，把土壤测定值以一定的级差分等，制成养分丰缺及相应施肥数量检索表；取得土壤测定值，就可对照检索表按级确定肥料施用量。此法的优点是，直感性强，定肥简捷方便；缺点是精确度较差。在较早期的研究中，基于 ASI 方法的施肥推荐主要采用此方法。

7.1.1.1　土壤有机质和速效氮的分级指标与氮素推荐

在 ASI 方法中，作物氮素的推荐主要是依据三方面：一是作物种类，二是土壤有机质含量（在高效土壤养分测定过程中，测试的是土壤碱溶有机质的含量，各地在使用时可将其转换为土壤有机质含量），三是土壤速效氮的含量。在氮素推荐时，以土壤有机质含量水平作为氮素推荐基础，以土壤速效氮含量作为调整因子。在具体推荐时，先根据土壤有机质含量水平，做出氮素推荐基础值（表 7-1），然后再根据土壤速效氮水平，对基础推荐值进行调整（表 7-2），得出最终推荐值。

表 7-1　基于土壤碱溶有机质水平的作物施氮推荐量

作　　物	土壤有机质水平（g/kg）			
	<10	10~20	20~30	>30
小麦	12	11	10	8
水稻	14	12	11	8
玉米	13	11	9	7
棉花	15	14	12	10
大豆	7	6	4	2
大麦	12	11	9	7
高粱	10	8	6	4
黑麦草	14	12	10	8
普通马铃薯	13	12	10	8
花生	7	5	3	2
甘薯	9	7	5	3
油菜	14	12	10	8
谷子	10	8	6	4
烟草（烤烟）	10	8	6	5
豌豆	4	3	2	0
胡萝卜	12	10	9	7
芦笋	12	10	8	6
白菜	18	16	15	13
花椰菜	20	18	16	14
韭菜	15	14	13	12
芹菜	15	14	13	12
甜瓜	13	11	9	7
黄瓜（大田）	25	22	19	16
大蒜	15	14	13	12
莴苣	22	20	18	16
洋葱	14	13	12	10
薄荷	20	18	16	15
菠菜	15	13	11	10
南瓜	12	10	9	8
糖用甜菜	14	12	10	8
甘蔗	25	20	15	7

（续表）

作 物	土壤有机质水平（g/kg）			
	<10	10~20	20~30	>30
向日葵	13	11	10	8
番茄（大田）	20	18	16	14
芜菁，萝卜	10	8	6	4
西瓜	10	8	6	5
人参	8	6	5	3
辣椒和甜椒	18	16	14	12
紫花苜蓿	2	0	0	0
草坪草	15	14	13	12
牧场草	20	18	16	15
菠萝	40	38	36	30
杏树	14	12	10	7
苹果树（幼树）	12	10	8	6
苹果树（结果树）	14	12	10	7
樱桃	15	13	12	10
咖啡树（幼树）	12	10	8	6
咖啡树（结果树）	20	18	15	10
葡萄	15	14	13	12
柚子（幼树）	9	7	5	4
柚子（结果树）	17	14	12	8
杧果	26	24	22	20
香蕉	40	30	20	15
柑橘（幼树）	12	10	7	5
柑橘（结果树）	20	18	16	12
椰子树	9	7	5	3
棕榈树	11	9	7	5
番木瓜	12	10	9	6
桃	14	12	10	7
梨-幼树	14	13	12	10
梨-结果树	14	13	12	10
茶-幼苗	14	12	10	8
茶-已成园	24	22	20	18

表 7-2　基于土壤速效氮含量的氮素推荐调整系数

速效氮含量（mg/L）	<20	20~35	35~50	50~100	>100
调整系数（%）	+20	+10	0	-10	-20

7.1.1.2　土壤速效磷分级与磷肥推荐

不同作物的磷肥推荐主要根据土壤中的速效磷含量。在施肥推荐分级中，将土壤速效磷分为 6 级，即 0~7mg/L 为严重缺磷、7~12mg/L 为缺磷、12~24mg/L 为中等、24~40mg/L 为较高，40~60mg/L 为高磷含量，>60mg/L 为极高磷含量。当土壤磷含量为极高时，只有个别特别需磷作物或超高产情况下需施磷肥外，一般作物不再施磷，同时，当土壤磷含量为极高时，有可能会产生磷素面源污染情况。

表 7-3　基于土壤速效磷分级的作物施磷推荐量　　　　　　　　（kg/亩）

作　物	土壤速效磷含量水平（mg/L）					
	0~7	7~12	12~24	24~40	40~60	>60
小麦	11	9	6	5	3	2
水稻	10	8	6	5	4	2
玉米	8	7	5	3	2	0
棉花	12	10	8	6	3	0
大豆	8	7	6	4	2	0
大麦	8	7	6	5	3	2
高粱	10	8	5	3	2	0
黑麦草	12	10	7	5	4	2
普通马铃薯	10	8	6	4	2	0
花生	8	6	5	3	1	0
甘薯	10	8	6	4	2	0
油菜	9	8	6	4	2	0
谷子	8	6	5	3	2	0
烟草（烤烟）	13	12	11	10	8	6
豌豆	10	8	6	4	2	0
胡萝卜	12	10	8	6	4	0
芦笋	10	8	6	3	2	0
白菜	13	11	9	7	5	3
花椰菜	12	10	8	6	4	2
韭菜	14	12	10	7	4	2
芹菜	12	10	8	6	4	3
甜瓜	15	13	11	9	7	4
黄瓜（大田）	12	10	8	6	4	3
大蒜	12	10	8	6	4	0
莴苣	12	10	8	6	3	0
洋葱	14	12	10	8	6	4
薄荷	12	10	8	6	4	0
菠菜	10	8	6	4	2	0
南瓜	10	8	6	4	2	0

（续表）

作物	土壤速效磷含量水平（mg/L）					
	0~7	7~12	12~24	24~40	40~60	>60
糖用甜菜	14	12	10	8	5	3
甘蔗	14	12	10	8	6	3
向日葵	12	10	7	5	3	0
番茄（大田）	14	12	10	8	6	3
芜菁，萝卜	10	8	6	4	2	0
西瓜	12	10	9	7	5	3
人参	12	10	8	6	4	0
辣椒和甜椒	14	12	10	8	6	3
紫花苜蓿	10	8	6	4	2	0
草坪草	14	12	10	8	6	3
牧场草	13	11	9	6	3	0
菠萝	12	10	7	4	2	0
杏树	14	12	10	7	4	0
苹果树（幼树）	12	10	7	4	2	0
苹果树（结果树）	14	12	10	9	7	4
樱桃	14	12	10	7	4	0
咖啡树（幼树）	17	15	13	10	7	4
咖啡树（结果树）	14	11	7	4	2	0
葡萄	12	10	8	6	4	0
柚子（幼树）	10	8	7	3	0	0
柚子（结果树）	14	12	10	7	4	0
杧果	12	10	7	4	0	0
香蕉	17	15	13	10	7	4
柑橘（幼树）	11	9	7	4	0	0
柑橘（结果树）	14	12	10	7	4	0
椰子树	14	10	7	4	0	0
棕榈树	14	10	7	4	0	0
番木瓜	17	14	10	7	4	0
桃	14	12	10	7	4	0
梨-幼树	17	15	13	10	7	4
梨-结果树	14	10	7	4	2	0
茶-幼苗	20	17	13	10	7	4
茶-已成园	14	12	10	7	4	0

7.1.1.3　土壤速效钾分级与钾肥推荐

不同作物的钾肥推荐也是根据土壤中的有效钾含量而确定的（表7-4）。在施肥推荐分级中，将土壤有效钾分为6级，即0~40mg/L为极严重缺钾、40~60mg/L严重缺钾、60~80mg/L 为缺钾、80~100mg/L 为中等偏低，100~140mg/L 为中等偏高，>140mg/L 为高钾含量。在这个分级中，将土壤速效钾临界值以下又分了三级，主要是针对我国目前土壤含钾量差异较大的实际情况。注意，由于钾肥的特殊性，当土壤有效钾含量较高时，施钾也可能还会产生一定的增产作用。

表 7-4　基于土壤有效钾分级的作物施钾推荐量　　　　　（kg/亩）

作物	土壤速效钾水平（mg/L）					
	0~40	40~60	60~80	80~100	100~140	>140
小麦	9	7	6	4	3	2
水稻	10	8	6	5	3	0
玉米	10	8	6	5	3	2
棉花	15	13	11	9	7	5
大豆	12	10	8	6	5	3
大麦	9	8	7	5	3	0
高粱	10	8	6	4	2	0
黑麦草	12	10	6	4	2	0
普通马铃薯	16	14	12	10	8	5
花生	10	8	6	4	2	0
甘薯	15	13	11	9	7	5
油菜	10	9	7	5	3	2
谷子	12	10	8	5	3	0
烟草（烤烟）	20	18	17	16	14	12
豌豆	10	8	6	4	2	0
胡萝卜	14	12	10	7	4	2
芦笋	14	12	10	7	4	2
白菜	14	12	10	8	6	4
花椰菜	15	13	11	9	7	3
韭菜	13	11	9	7	4	2
芹菜	16	14	12	10	7	4
甜瓜	15	13	11	9	7	3
黄瓜（大田）	14	12	10	8	6	4
大蒜	13	11	9	7	4	0
莴苣	12	10	8	6	3	0
洋葱	15	13	11	9	7	5
薄荷	16	14	10	7	4	0
菠菜	12	10	8	6	4	0
南瓜	12	10	8	6	4	2
糖用甜菜	20	18	16	14	12	8

（续表）

作物	土壤速效钾水平（mg/L）					
	0~40	40~60	60~80	80~100	100~140	>140
甘蔗	20	18	15	12	8	5
向日葵	17	15	13	10	7	4
番茄（大田）	18	16	14	12	10	7
芜菁，萝卜	13	11	9	6	4	2
西瓜	14	12	10	8	6	4
人参	16	14	10	8	4	0
辣椒和甜椒	16	14	12	10	7	4
紫花苜蓿	13	10	8	5	3	0
草坪草	16	14	12	10	6	0
牧场草	13	11	9	6	3	0
菠萝	40	35	30	25	20	15
杏树	12	10	8	6	4	0
苹果树（幼树）	12	10	7	4	2	0
苹果树（结果树）	15	13	11	9	7	3
樱桃	14	12	10	7	4	0
咖啡树（幼树）	10	7	4	2	0	0
咖啡树（结果树）	13	10	7	4	2	0
葡萄	13	11	9	7	4	0
柚子（幼树）	10	8	7	3	0	0
柚子（结果树）	16	14	11	7	4	0
杧果	13	11	9	7	3	0
香蕉	80	60	50	50	50	40
柑橘（幼树）	11	9	7	4	0	0
柑橘（结果树）	17	14	10	7	4	0
椰子树	12	10	7	4	0	0
棕榈树	14	12	10	7	4	0
番木瓜	15	13	10	7	4	0
桃	14	12	10	7	4	0
梨-幼树	17	15	13	10	7	4
梨-结果树	14	10	7	4	2	0
茶-幼苗	11	9	7	5	3	2
茶-已成园	14	12	10	7	4	0

7.1.1.4 土壤有效钙镁分级与推荐

在土壤中施用钙镁肥料主要有两方面的作用，一是补充土壤中的有效钙镁含量，二是通过施用含钙镁肥料来改善土壤的酸碱度环境，起到改良土壤的目的。所以，在ASI方法中，决定钙镁肥料施用的条件有四个方面，一是土壤的 pH 值，二是土壤有效钙镁含量，三是土壤中的钙/镁比值，四是土壤交换性酸的数量。当土壤 pH 值大于 5.9 时，基本上没有交换性酸的存在，钙镁肥料的施用主要考虑土壤中的有效钙镁含量，具体推荐量列于表 7-5。

表 7-5 pH 值大于 5.9 时的钙镁肥料施用量

土壤有效钙含量	土壤有效镁含量	硫酸钙施用量	硫酸镁施用量
mg/L		kg/亩	
0~180	0~70	70	20
180~300	70~100	60	15
300~400	100~130	50	15
400~500	130~160	45	12
500~600	160~190	35	10
600~700	190~220	25	7
700~800	220~250	17	5
800~900	250~280	8	2
>900	>280	0	0

当土壤 pH 值小于 5.9 时，钙镁肥的施用决定于土壤有效钙含量和交换性酸的数量，当土壤有效钙含量小于 2 000 mg/L、钙/镁比大于 1.65 时，以白云石（含镁）为主，其施用量与土壤交换性酸的关系示于表 7-6。当土壤有效钙含量小于 2 000 mg/L、钙/镁比小于 1.65 时，以施用石灰石为主，石灰石施用量与交换性酸的关系示于表7-7。

表 7-6 交换性酸含量与白云石施用量的关系

交换性酸含量（cmol/L）	白云石施用量（kg/亩）
0~0.1	130
0.1~0.4	170
0.4~0.9	200
0.9~1.4	230
1.4~1.9	270
1.9~2.4	330
2.4~2.9	400
2.9~3.4	470
3.4~3.9	530
3.9~4.4	600
>4.4	670

表 7-7 交换性酸含量与石灰石施用量的关系

交换性酸含量（cmol/L）	石灰石施用量（kg/亩）
0~0.1	130
0.1~0.4	170
0.4~0.9	200

（续表）

交换性酸含量（cmol/L）	石灰石施用量（kg/亩）
0.9~1.4	230
1.4~1.9	270
1.9~2.4	330
2.4~2.9	400
2.9~3.4	470
3.4~3.9	530
3.9~4.4	600
>4.4	600

需要注意的是这里的石灰石和白云石的主要成分为碳酸钙、碳酸镁，国外一般采用直接将矿物粉碎施用的方式。由于碳酸钙、碳酸镁作用温和，即使施用不均，对土壤局部的 pH 增加不多。而我国施用的石灰主要为烧制石灰，含氧化钙（镁），其作用强烈，施用不均可使土壤局部 pH 值升高到 8 以上。因此，这里的石灰用量一般应乘以 0.5。

7.1.1.5 土壤有效硫分级与硫肥推荐

土壤有效硫的分级与土壤有效磷的分级基本相同，土壤有效硫临界值为 12 mg/L，一般土壤有效硫<10~16 mg/L 作物可能缺硫。我国缺硫土壤分布于南部和东部地区。需硫多的作物有：十字花科、水稻、蔬菜、油料作物等。这里指出，过去由于我国缺硫情况较少，对硫的研究相对较弱，近年来，由于我国含硫肥料的减少，作物在一些土壤上的缺硫有所表现，应引起重视。常用硫肥种类有：石膏（14%~18%S）；硫黄（60%~80%S）等，也可施用含硫的氮肥钾肥（如硫铵、硫酸钾等）。施用量：基肥水田 0.75~1.8 kg S/亩；旱地 2.3~4.5 kg S/亩。

7.1.1.6 土壤微量元素临界值以及微肥推荐

土壤有效硼、铜、铁、锰、锌的临界值分别为 0.2、1、10、5、2mg/L，若土壤测定值低于其临界值，应考虑施用该种微量元素肥料。

土壤有效硼含量与土壤 pH 值的关系很大，当土壤越酸时，土壤有效硼的含量越低，所以，酸性土壤上，更应注意硼肥的施用。根据植物对硼敏感程度的差异，十字花科植物（如油菜）、根用植物、纤维植物以及某些果树、蔬菜对硼有良好的反应，施硼效果明显。硼肥一般以叶面喷施硼砂溶液方法较好。

我国土壤含铜比较丰富，很少出现缺铜的报道。由于铜肥的施用数量较小，可采用喷施硫酸铜溶液的方法。注意，由于目前大量应用含铜有机肥，许多地方铜的污染有所表现，所以在施用铜肥时应慎重。

土壤中铁的含量很高，但能被作物吸收的有效铁含量不是十分充足，有时需要施用铁肥。注意铁肥容易被氧化为作物难以吸收的高价铁，所以铁肥的施用应以络合态铁叶面喷施方法较好。

土壤有效锰含量变化很大，缺锰土壤主要是北方石灰性土壤，如潮土、褐土、棕壤、栗钙土、灰钙土、黄绵土、娄土、漠境土等。酸性土在过量施用石灰后也可能"诱发性缺锰"。大田作物上，小麦易发生缺锰。作物施锰肥（硫酸锰）的推荐量一般每亩 1~3kg。

我国目前很多地区都表现出缺锌的情况，缺锌土壤分布广泛。在推荐施肥时，锌肥（硫酸锌）可作为基肥施入土壤中，作物锌肥的推荐量一般每亩 1~2kg。需要注意的是，目前根据环境质量控制指标，有的地方土壤锌含量已超标，但土壤中有效锌含量不足，特别是在高产情况下，作物施用锌肥效果还很明显，所以，如何处理环境与作物产量的关系，合理施用锌肥则需要进一步的探讨。

7.1.2 目标产量法

本法是由著名土壤化学家鲁格于 1960 年在第七次国际土壤学会上首先提出的。80 年代介绍到我国，是我国现在较为普遍的方法。

7.1.2.1 基本原理

"目标产量法"又称"计划产量法"，它是依据土壤养分平衡原理，根据一定产量从土壤中所吸收的养分数量减去土壤中养分的供给两，即是应该施用的养分数量，在计算三要素的需要时，一般按下式计算：

$$某种肥料的需要量 = \frac{一季作物的总吸收量 - 土壤供应量}{肥料中该要素含量 \times 肥料当季利用率}$$

这就是著名的斯坦福（Stanford）公式，这个式子对于确定施肥量是完全正确的，它基本体现了李比希养分归还学说的内容，只是将应该归还给土壤的养分放在了作物吸收之前，这对于作物高产是十分有利的。

7.1.2.2 参数的确定

在斯坦福公式中，要计算出施肥量，必须先将式中各项参数确定以后才能计算，式中各个参数的含义和确定方法如下。

（1）一季作物的总吸收量。

指作物从土壤中吸收某种养分的总量，可用下式表示：

一季作物的总吸收量 = 目标产量 × 作物单位产量养分吸收量

目标产量是决定肥料需要量的原始依据之一，所以必须正确、客观地确定出目标产量，它不能有任何盲目性。确定目标产量的依据有几个方面。

根据土壤肥力水平。土壤肥力是土壤能够供给植物生长所需要的水分、养分、空气和热量等诸因素的能力。土壤养分仅是土壤肥力的一个因素，所以，除土壤养分外，水分状况、通气状况、土壤理化性质都影响到作物产量。也就是，如果其他肥力因素限制作物产量，即使施用较多的肥料，作物也不能吸收，相应，作物也不能高产，达不到预期的产量，反而会造成肥料的浪费。

根据其他农业措施。在农业生产中，作物产量是一切农艺措施，如肥料、种子、栽培、植保等多方面的综合体现。要制定较高的目标产量，必须要有较高水平的农业措施，不能脱离农业生产实际，制定出经过努力也无法达到的作物产量是不科学的，也是不现实的。

根据前几年的农业生产水平。在土壤肥力和其他农业措施不能定量指导制定目标产量时，可采用当地前几年正常气候和耕作条件下的平均产量为基础，考虑经过改进施肥方法和其他农业措施后可能带来的经济效益，一般以前三年的平均产量提高1%~5%为宜。例如，前三年正常情况下的小麦产量为350kg/亩，在制定目标产量时可在375~400kg/亩之间选择。这里需要指出的是：目标产量是测土施肥的一个重要依据，任何不切实际的目标产量都可能导致失败，所以要慎重考虑。

单位产量所需要的养分数量是指每生产单位（如100kg/亩）经济产量所吸收的养分，一般用下式表示：

$$作物单位产量吸收养分的数量 = \frac{作物地上部分所含的养分总量}{作物经济产量}$$

由于作物实活是生物体，组织的化学结构比较稳定，作物单位产量养分吸收量应该是一个常数，在推广中可以应用现成的科研成果，一般在肥料手册中可以找到。表7-8列出了几种主要作物的单位产量养分吸收量。当然，同一作物单位产量吸收量也会出现小的差异。主要是受环境条件的影响。

表7-8　几种作物每百千克经济产品对养分的吸收量　　　　　　（kg）

吸收养分	早稻	晚稻	杂交稻	小麦	大麦	玉米	谷子	高粱	棉花	麻皮	油菜	甘薯	花生	大豆
N	1.8	2.0	2.0	3.0	2.7	2.6	2.5	2.6	5.0	3.0	5.8	0.4	6.8	7.2
P_2O_5	0.6	1.0	0.9	1.2	0.9	0.9	1.3	1.3	1.8	2.3	2.5	0.2	1.3	1.8
K_2O	3.1	2.9	3.5	2.5	2.2	2.1	1.8	3.0	4.0	5.0	4.3	0.6	3.8	4.0

注：甘薯为鲜重；豆科作物由于根瘤菌的固氮作用，对氮肥的确定，应按吸收量的三分之一计算。在土壤肥力比较高的土壤中，一般均不施氮肥。

（2）土壤供应量

土壤中某种养分的供应量时测土施肥的又一个重要参数，可表示为：

土壤养分供应量(kg/亩) = 土壤测定值(mg/L) × 0.15 × 换算系数

该项是测土施肥过程中比较复杂的一项，式中的 0.15 为常数，是将土壤中养分含量的 mg/L 数换算成每亩千克数的常数，其依据是：如果土壤耕作层的厚度为 20cm，土壤容重为 1.15g/cm，每亩面积为 666 667 cm，每亩耕作层的土壤重量为

$$\frac{20 \times 1.15 \times 66\,6667}{1\,000} \approx 150\,000 \;(\text{kg})$$

这样将土壤中养分含量的 mg/L 乘以 $\dfrac{150\,000}{1\,000\,000}$ 即每亩养分的千克数。

我们知道：任何土壤养分的化验方法所得的数值都是相对的，他不能完全地反映作物能从土壤中实际吸收养分的数量，我们希望二者之间愈吻合愈好。但在实际化验分析中，由于技术上的原因，这个数值与作物的实际吸收量总有一定的差距。土壤中的养分能为作物直接吸收利用的称速效养分，不能为作物直接利用的称迟效养分，速效养分和迟效养分之和为土壤全量养分。这里我们将实际测定的速效养分值称为速效养分，则作物实际吸收的养分与速效养分的关系可用图 7-1 表示，即在土壤养分中，作物实际吸收的养分数量与实际测定的速效养分数量并不吻合，有些方法测定到的速效养分数量较作物实际吸收的养分数量多（图 7-1（1）），有些方法则少。见图 7-1（2），现在还没有一个正好能完全反映作物实际吸收养分的测定方法，这样必须有一个称为换算系数的校正值，才能满足测土施肥的要求。

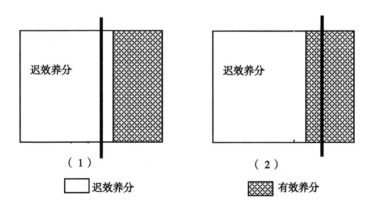

图 7-1　土壤中迟效养分、速效养分与作物实际吸收养分的关系示意

换算系数需要通过田间实验来取得，其计算方法为

$$换算系数 = \frac{空白产量 \times 作物单位产量的养分吸收量}{土壤测定值 \times 0.15}$$

空白产量是不施某种养分时实验地的亩产量；作物单位查量的养分吸收的意义同前；所以不同作物在不同土壤上均需进行田间实验。

需要指出的是：换算系数只是一个经验数值，不同的土壤养分含量、作物生育期长短都对该值有一定的影响，原因是土壤中的速效养分与迟效养分是一个能相互转化的动态过程，也就是：迟效养分可以转化为速效养分，速效养分也可以转化为迟效养分：

$$\text{迟效养分} \xleftarrow{} \frac{\text{养分有效化}}{\text{养分固定}} \xrightarrow{} \text{速效养分}$$

这个相互转化的过程中，如果速效养分浓度过低，化学平衡向速效养分的方向移动，使得养分的有效化过程占优势。这样，迟效养分转化为速效养分的数量偏多，相反，当土壤中速效养分较多时，养分的固定作用占优势，会使土壤的一部分速效养分转化为迟效养分而作物不能吸收利用，这样实际测定到的速效养分量可能较作物实际吸收的多。再则，这个反映也有一定的时间性，特别是作物生长期较长时，所测得的土壤速效养分与作物吸收的数量可能差距较大。在作物生长期中，速效养分也可能损失，使作物实际吸收量偏低，如 NH_4 的淋失等。所以在指定施肥量时要考虑到这方面因素的影响，特别是当计算的施肥量过高时，要考虑土壤中养分有效化过程对土壤速效养分的补给，土壤中速效养分过高时，要注意养分的固定作用和损失。

大量的试验表明，当土壤有效养分含量不同时，土壤中有效养分被作物吸收的比例也不同。根据 ASI 法的实际试验结果，土壤有效养分的校正系数与土壤养分含量之间存在一种单调下降的非线性乘幂关系，可表示为：

$$F = a \cdot T^{-b} \tag{7-1}$$

式中：

F 为土壤有效养分非线性校正系数。

T 为土壤有效养分含量。

a、b 分别为常数。

不同作物，a、b 各不相同，它需要通过大量的田间试验进行求得。

注意，这里仅指出了土壤养分校正系数与土壤养分含量的关系模型，但是，土壤养分校正系数还可能与土壤类型、气候条件、作物生育期长短均有关系，这都需要在实践中不断探索。同时，在第十章中所给出的初始值也需要根据当地情况进行不断地修正。

（3）肥料中某种养分的含量。

任何一种肥料其有效成分都不是100%，总有一部分植物可以吸收利用，另一部分植物不能吸收利用。我们将植物可以吸收利用的成分占肥料总量与百分数称为肥料的养分含量，一般氮肥是 N%，磷肥是 P_2O_5%，钾肥为 K_2O% 表示。目前有许多种类的复合肥或专用肥，包装袋上也按 $N-P_2O_5-K_2O$ 的顺序标明，如某复合肥标记为 18-46-0 时，表明该肥含 N18%，含 $P_2O_5$46%，不含钾肥。在计算施肥量时，我们只按其有效成分计算。复合肥料时，按不同种类应分别计算。

（4）肥料利用率。

肥料施入土壤后，一部分可以被植物吸收利用，一部分则发生淋失、挥发、固定等损失，我们将当季作物能实际吸收的养分数量占肥料投入量的百分数，称为肥料的当季利用率。肥料的利用率相差甚大，主要与肥料种类，施肥方法，作物品种，肥料施用量，肥料的配比等因素有关，肥料的当季利用率可通过田间实验的方法确定，计算方法如下：

$$某元素的当季利用率 = \frac{施肥区作物吸收该元素总量 - 空白区作物吸收该元素总量}{施入肥料中该元素的总量}$$

也可表示为：

$$某元素的当季利用率 = \frac{（施肥区产量 - 空白区产量）\times 单位产量养分吸收量}{施肥量 \times 肥料中该元素的含量}$$

在做肥料当季利用率的田间实验时，应选择与大田肥力水平基本相同的地块，这样更具有代表性。一般土壤中养分含量高时，肥料的当季利用率低，土壤养分含量低时，肥料的当季利用率高，这是因为土壤中养分含量少，作物吸收的养分主要来源于使用肥料中的养分，则肥料利用率高，当土壤中养分含量高时，作物吸收的养分主要来源于土壤中的养分，这样肥料的当季利用率偏低。所以，在施肥时也应当注意这些问题。

7.1.2.3　施肥量的计算

公式中的几个参数有时可不用通过田间实验，查阅有关资料也可进行计算，但为了准确起见，可在当地进行 1~2 年的试验工作。

当参数确定以后，即可进行肥料施用量的计算。

7.2　肥料的合理分配与施用

在作物生产过程中，施肥量确定以后，如何实施，对发挥肥料的最大经济效益，达到测土施肥的预期效果有很大的影响。

7.2.1 肥料的合理分配

肥料的合理分配内容很多，但都必须坚持三个原则，一是有机无机肥料配合施用，二是肥苗与肥土相结合，三是必须以发挥肥料的最大经济效益为前提；也就是，既要从当季作物丰产出发，又要结合培肥土壤，既要获得高产稳产，又要发挥肥料的最大经济效益。所以尽管作物类型不同、土壤条件不同和种植方式不同，都要从以下几方面考虑：

7.2.1.1 肥料分配与土壤类型

土壤是肥料的载体，大量的肥料必须施入土壤中后才能被植物所吸收。所以，土壤的理化性质对肥料的合理分配与施用有很大影响。

（1）土壤中养分含量。

前面已经介绍了有关土壤养分的基本特性，对施肥来讲，土壤中养分含量是直接影响肥料施料施用和肥料利用率的重要因素，一般土壤养分含量较高时，肥料不宜一次性大量施用。这样会使土壤中的速效养分过多，作物不能立即吸收利用而挥发、流失、固定等，使肥料的利用率下降，在土壤养分含量较低时，为了能使作物壮苗早发，一般可在前期一次施入. 低产田"一炮轰"就是这个道理。

（2）土壤的保肥性与供肥性。

土壤的保肥性是指土壤能够保持土壤养分的能力，供肥性则是能满足植物生长所需要养分的能力。土壤的保肥性强时，一次施入肥料较多，也不易流失；这样的土壤可以减少施肥次数，一次施肥量稍大些；当土壤保肥性弱时，由于施入的肥料不易被土壤保持而发生淋溶等损失，所以在作物生育期中施肥要少量多次，以提高肥料的利用率，减少肥料损失，一般砂土的保肥能力弱，供肥强度大，应少量多次，而黏土的保肥性强，肥效缓，可适当多施基肥。

7.2.1.2 肥料的种类与分配

肥料的种类不同，性质差异很大，同一种类的肥料，品种不同，施用方法与分配亦有差别，一般氮肥在作物生长期中要分次施用，以提高肥效；磷、钾肥可作基肥一次施用，后期可以根外追肥的形式适当补充磷、钾肥。

7.2.1.3 作物生长特性与肥料分配

在整个作物生长期中，作物对肥料的反应是不一致的。根据作物对养分的吸收特点，可分为养分临界期与最大效率期，它都是施肥的关键时期，需要注意，营养临界期不能缺肥，最大效率期不能少肥。

7.2.2　肥料的施用技术

正确施用肥料是提高肥料利用率的重要环节。各种肥料的具体使用方法在第七章中有介绍，这里只介绍一下肥料施用的一般原则。

7.2.2.1　氮肥深施

目前所施用的化学氮肥，施入土壤后，都以 NH_4^+ 形式存在于土壤中. 在碱性条件下，土壤中的 NH_4^+ 会发生以下变化：

$$NH_4^+ + OH^- \longrightarrow NH_3 + H_2O$$

生成的 NH_3 会逸出土壤而损失，所以氮素化肥需要深施以减少氨气的挥发。另外，NH_4^+ 施入土壤表层，由于通气性好，土壤氧化还原电位高，会发生硝化作用：

$$NH_4^+ \longrightarrow NO_2^- \longrightarrow NO_3^-$$

尿素本身不具有挥发性，当尿素施入土壤后，在土壤中会发生下列反应：

$$CO(NH_2)_2 + H_2O \longrightarrow (NH_4)_2CO_3 \longrightarrow 2NH_3^+ + CO_2 + H_2O$$

所以，尿素也需深施覆土，防止氨挥发。

氮肥可作基肥；追肥时一定要沟施或穴施，不能表面撒施，早地水田都是如此。

7.2.2.2　磷肥的集中施用

目前所施用的化学磷肥多以水溶性或弱酸溶性磷肥为主，它本身对作物的有效性很高，当磷肥施入土壤后，易发生固定作用，使有效磷转化成作物难以吸收利用的无效磷。所以，往往采用集中施用的方法，减少磷肥与土壤的接触，以减少固定作用，还有，磷肥施入土壤后，据测定，磷肥在土壤中自移动速度约 2 cm/年。所以，在施用磷肥时，最好近根施肥，以利于作物吸收利用。群众对磷肥的施用有"施肥一大片不如一条线"的说法。

7.2.2.3　有机无机肥料配合使用

生产实践证明，无论是大田作物，或者是蔬菜和果树，以有机肥料作基肥，化学肥料作追肥，两者相互配合，可以起到以下几方面们作用：

（1）取长补短，缓急相济

有机肥料所含的营养元素全面，基本含有植物生长发育所需要的全部营养元素，在作物生长期中可以缓慢分解释放，被作物吸收利用，这就弥补了化学肥料成分单一，肥效短的缺陷。

（2）提高肥效，节约化肥

在有机肥料中有许多有机酸类物质，可溶解出能被植物吸收利用的速效磷；再则，有机肥料中的有机络合物也可以有效地防止磷的固定作用，提高肥效。同时，施用有机肥料，还可以减少化肥的用量，改善农村环境，降低生产成本。

（3）提高地力，持续增产

有机肥料含有大量有机成分，可以明显提高土壤中有机质的含量，提高土壤微生物活力，改善作物营养条件，改良土壤理化性状，培肥地力，使农业持续增产。

（4）减少污染，保护农业环境

有机肥料本身就是一种大分子络合物，它对消除土壤中重金属离子的污染有重要作用。

第8章 精准施肥图件示例

本章以河南省温县白庄村为例，展示前几章所述的精准施肥图件绘总情况。河南省温县白庄位于伊洛沁冲积平原，土壤类型为褐土，土层深厚，地下水埋深在20m以上，土壤质地为中壤，作物主要以小麦-玉米轮作，是典型的华北平原小麦-玉米轮作区。该村居民区紧凑，土地相对集中，作物类型简单，适宜作为典型案例区。

2019年6月1日，通过无人机航拍，取得了该村的基础影像图（图8-1）。通过影像矢量化，得到该的地块，又通过网格取样（图8-2），室内土样化验分析，得到了该村土壤有机质分布图（图8-3）、土壤pH值分布图（图8-4）、土壤速效氮分级图（图8-5）、土壤速效氮分级图（图8-6）、土壤速效氮地块分级图（图8-7）、土壤速效磷分布图（图8-8）、土壤速效磷分级图（图8-9）、土壤速效磷地块分布图（图8-10）、土壤速效钾分布图（图8-11）、土壤速效钾分级图（图8-12）、土壤速效钾地块分布图（图8-13）、土壤有效钙分布图（图8-14）、土壤有效镁分布（图8-15）、土壤有效铜分布图（图8-16）、土壤有效铜分级图（图8-17）、地块土壤有效铜分布图（图8-18）、土壤有效铁分布图（图8-19）、土壤有效锰分布图（图8-20）、土壤有效锌分布图（图8-21）、土壤有效锌分级图（图8-22）、地块土壤有效锌分布图（图8-23）、土壤有效硼分布图（图8-24）。

由于施肥图与作物类型和目标产量有关，读者可通过ArcGIS中的栅格分析，建立不同作物的施肥图。

图 8-1　河南省焦作市温县白庄村航拍基础影像

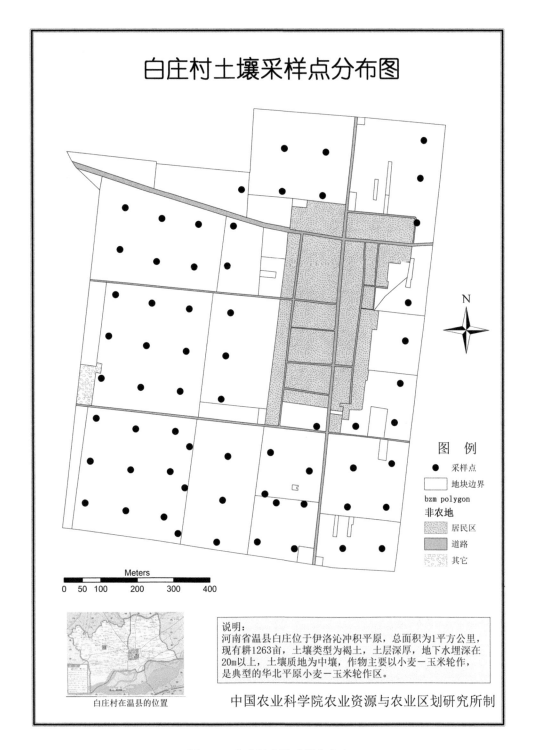

图 8-2　白庄村土壤采样点分布

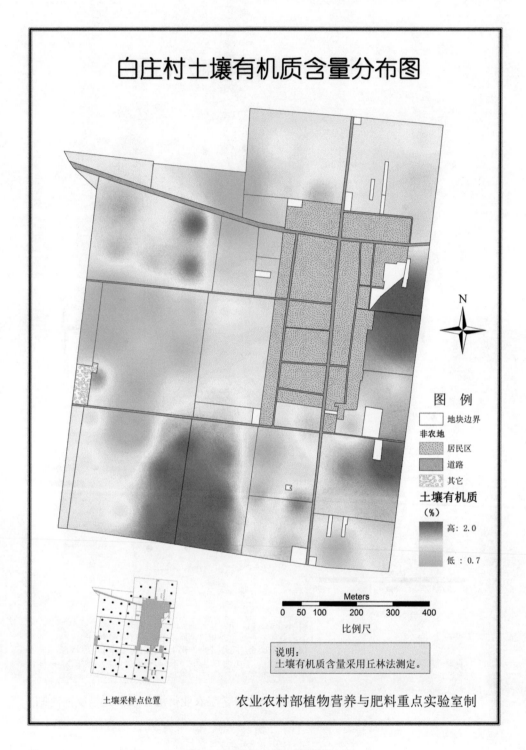

图8-3　白庄村土壤有机质分布

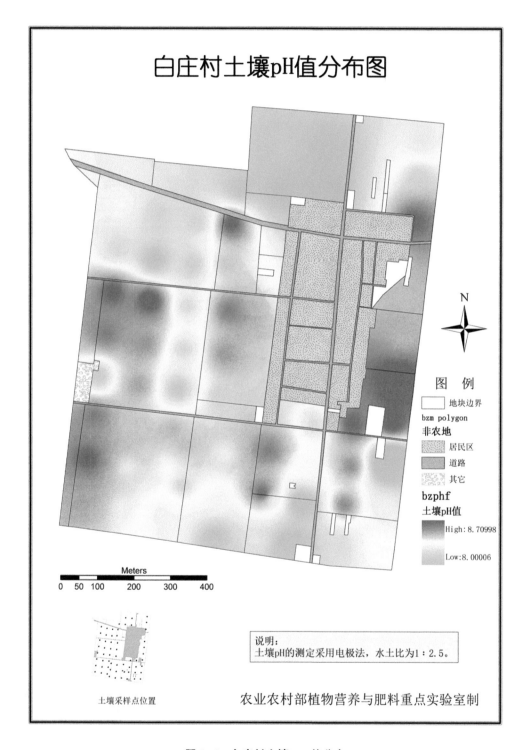

图 8-4　白庄村土壤 pH 值分布

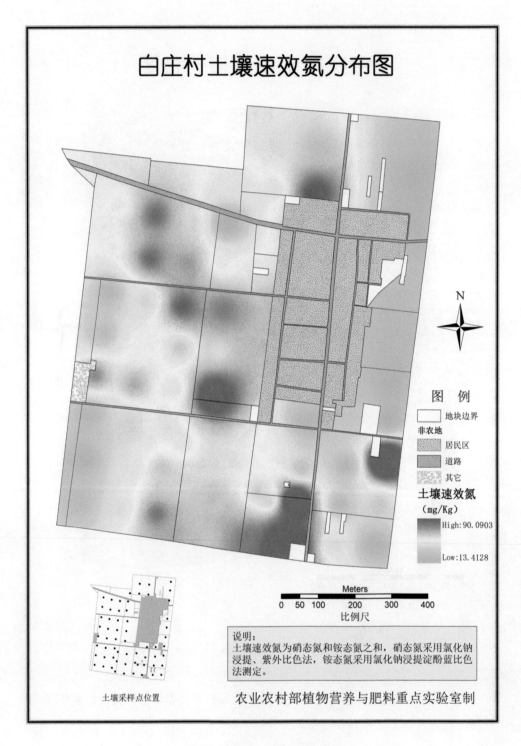

图 8-5　白庄村土壤速效氮分布

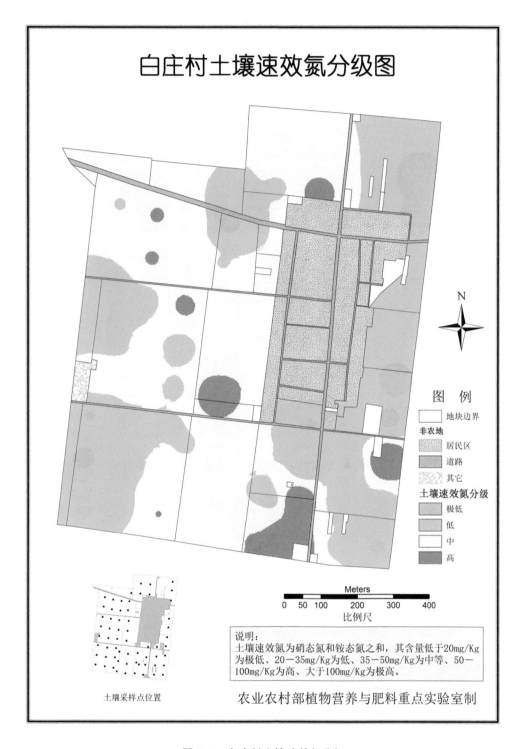

图 8-6　白庄村土壤速效氮分级

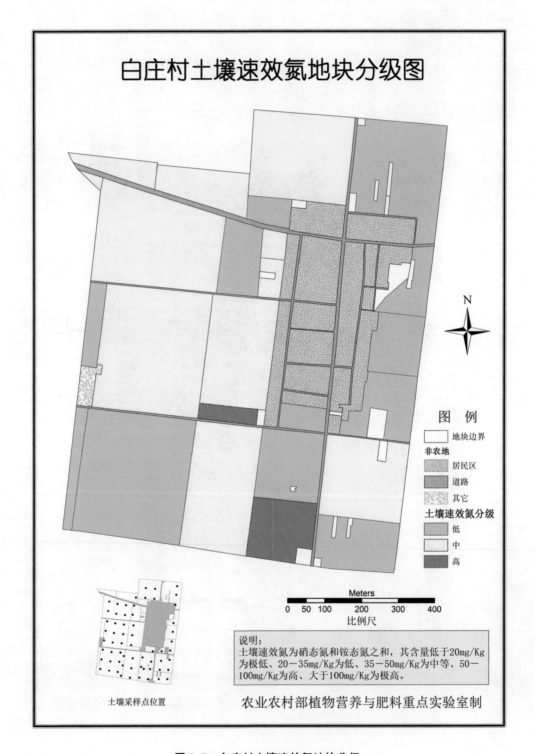

图 8-7　白庄村土壤速效氮地块分级

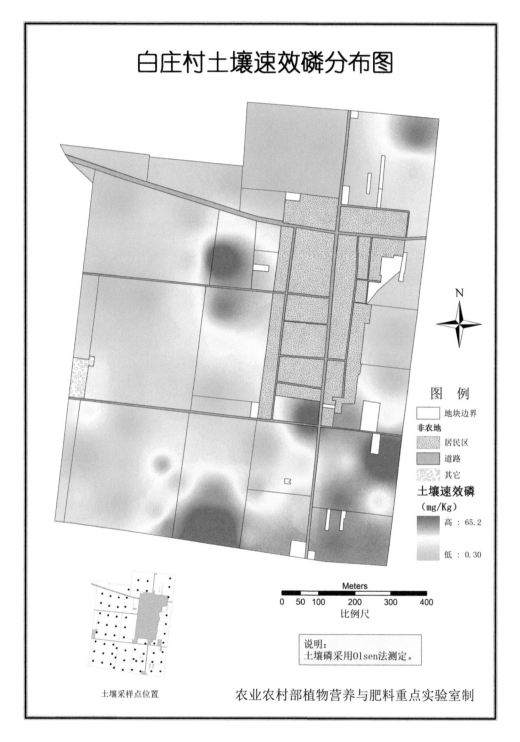

图 8-8　白庄村土壤速效磷分布

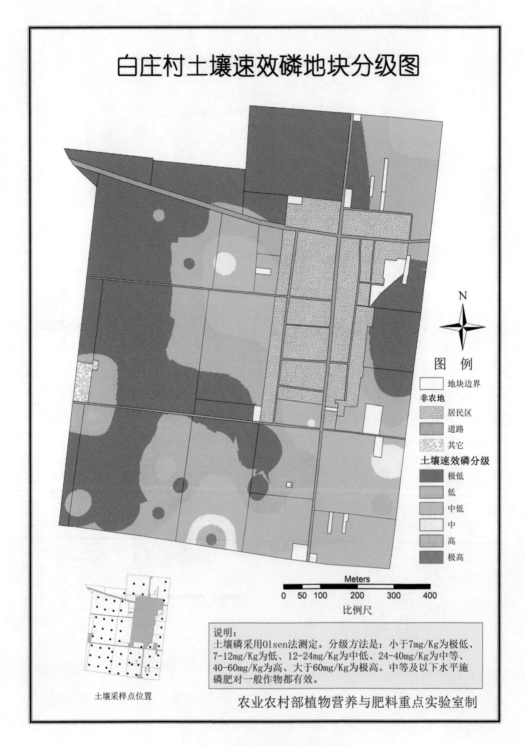

图 8-9　白庄村土壤速效磷分级

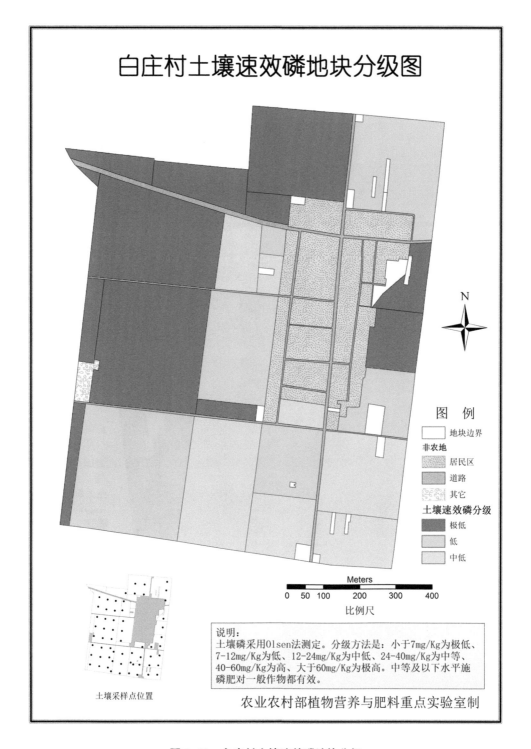

图 8-10　白庄村土壤速效磷地块分级

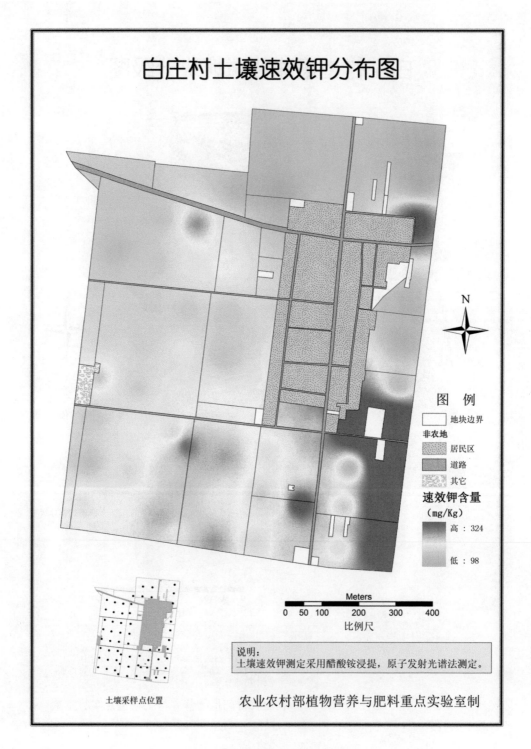

图 8-11　白庄村土壤速效钾分布

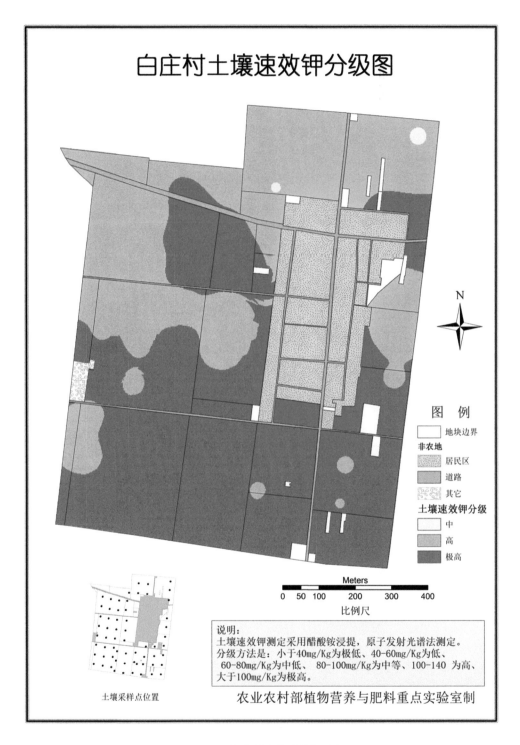

图 8-12 白庄村土壤速效钾分级

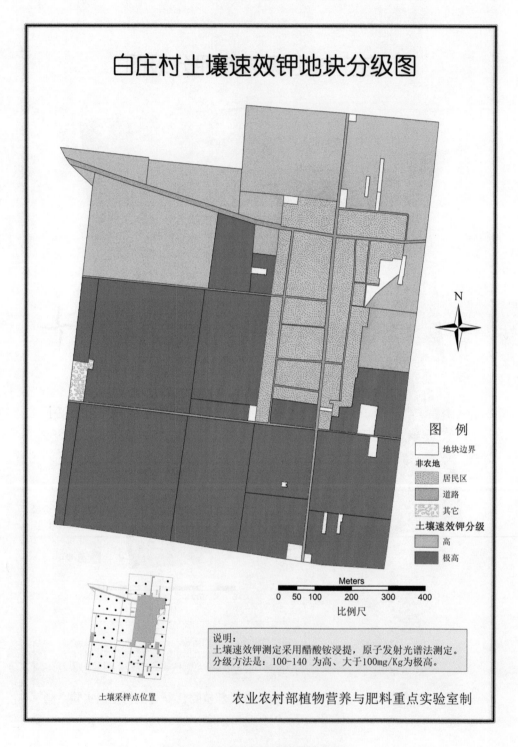

图 8-13　白庄村土壤速效钾地块分级

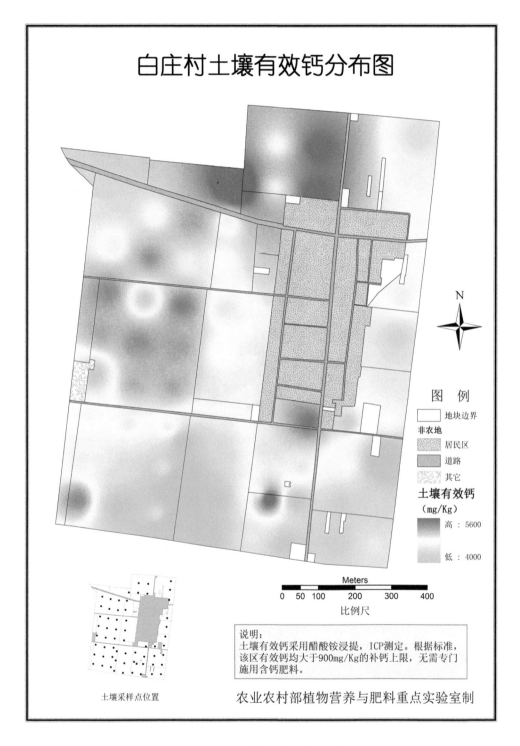

图例

- 地块边界
- 非农地
  - 居民区
  - 道路
  - 其它

土壤有效钙

（mg/Kg）

高：5600

低：4000

说明：
土壤有效钙采用醋酸铵浸提，ICP测定。根据标准，该区有效钙均大于900mg/Kg的补钙上限，无需专门施用含钙肥料。

农业农村部植物营养与肥料重点实验室制

土壤采样点位置

图 8-14　白庄村土壤有效钙分布

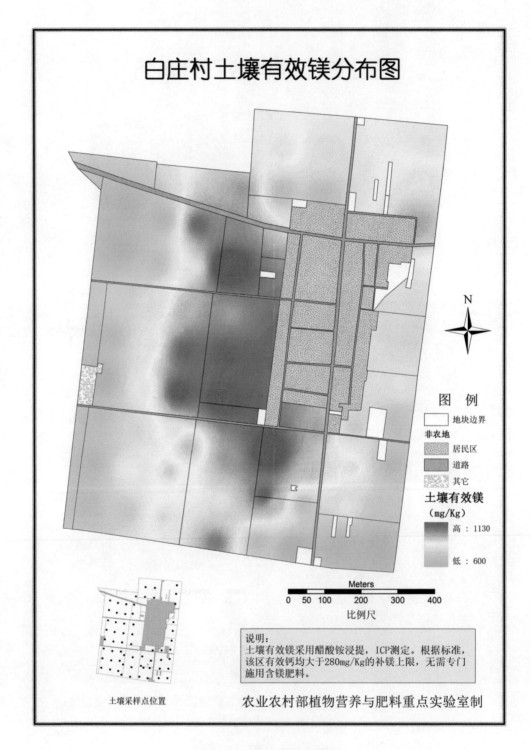

图 8-15 白庄村土壤有效镁分布

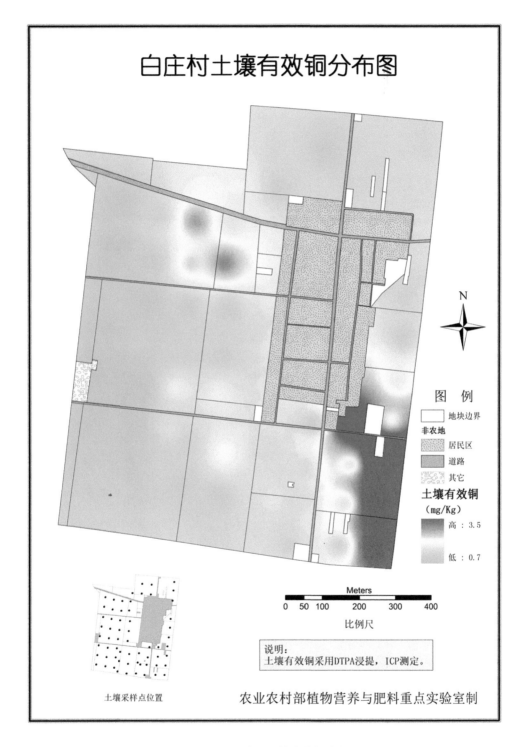

图 8-16 白庄村土壤有效铜分布

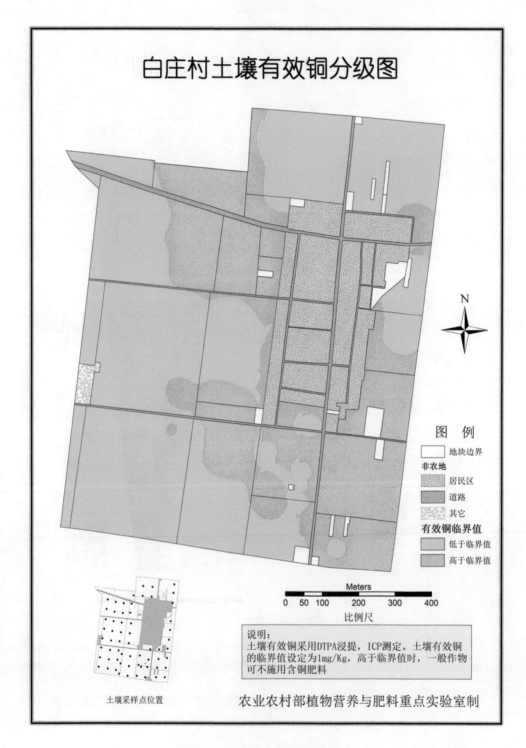

图 8-17 白庄村土壤有效铜分级

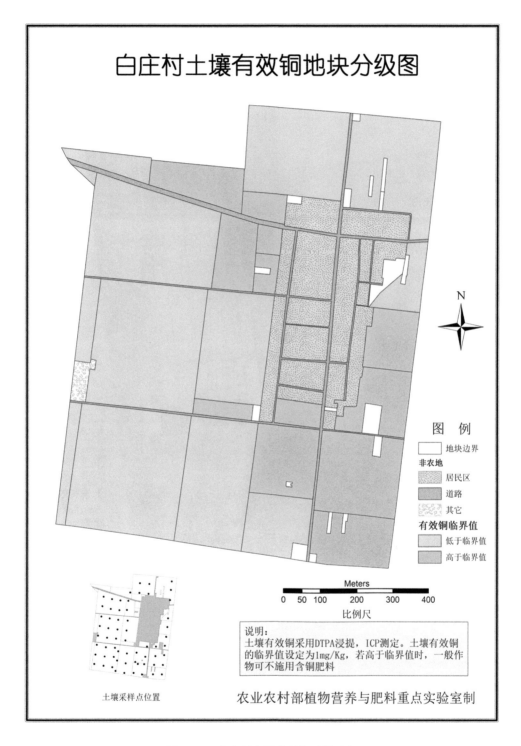

图 8-18 白庄村土壤有效铜地块分级

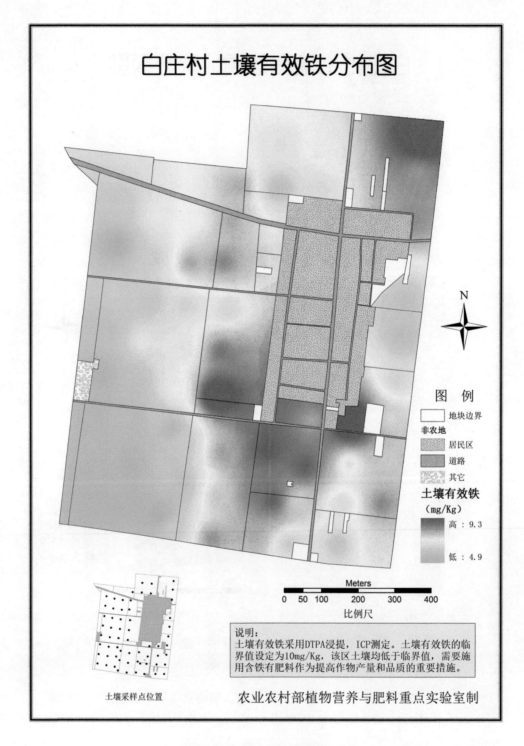

图 8-19　白庄村土壤有效铁分布

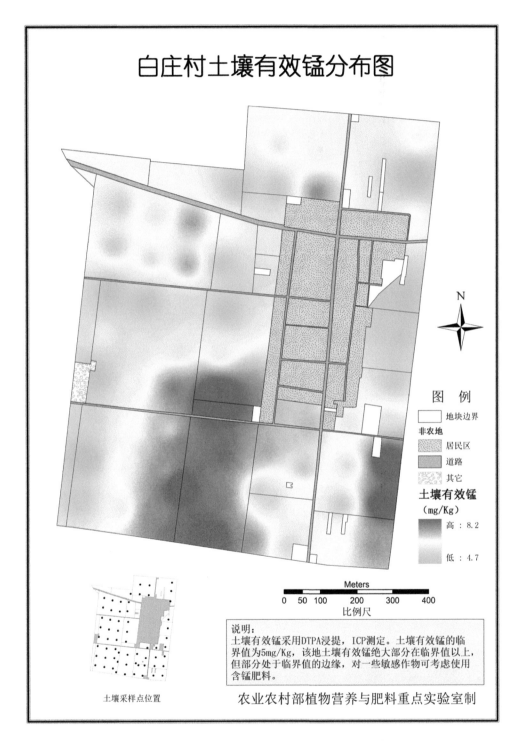

图 8-20　白庄村土壤有效锰分布

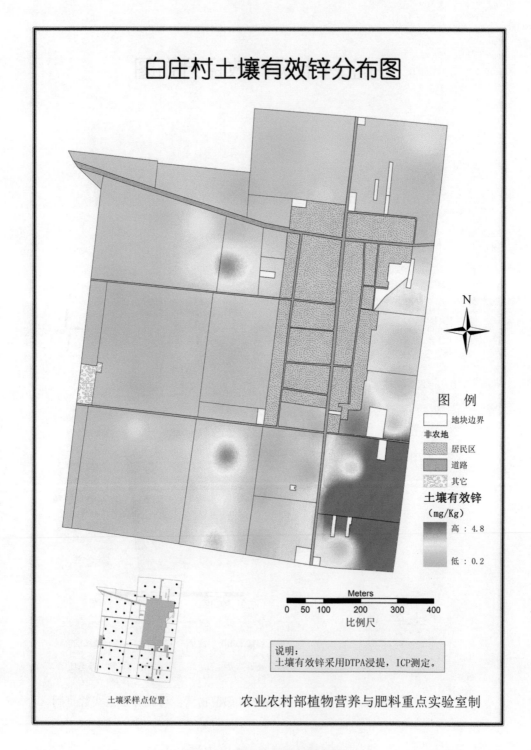

图 8-21 白庄村土壤有效锌分布

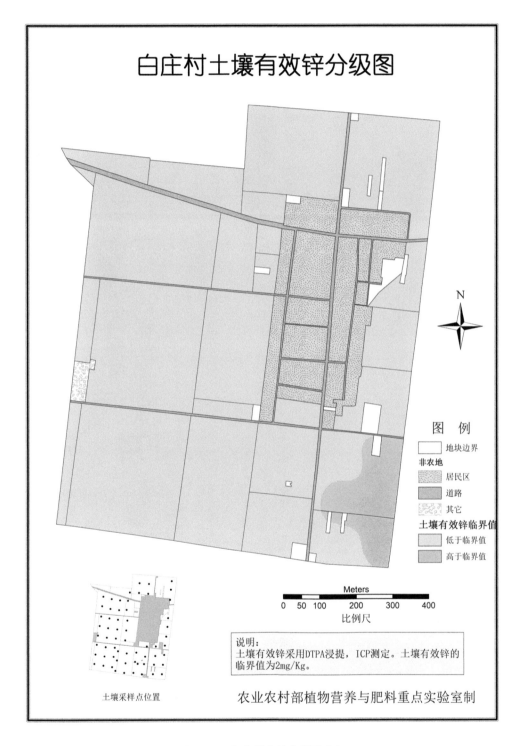

白庄村土壤有效锌分级图

图　例

地块边界

非农地

居民区

道路

其它

土壤有效锌临界值

低于临界值

高于临界值

N

Meters

0　50　100　　200　　　300　　　400

比例尺

说明：
土壤有效锌采用DTPA浸提，ICP测定。土壤有效锌的
临界值为2mg/Kg。

土壤采样点位置

农业农村部植物营养与肥料重点实验室制

图 8-22　白庄村土壤有效锌分级

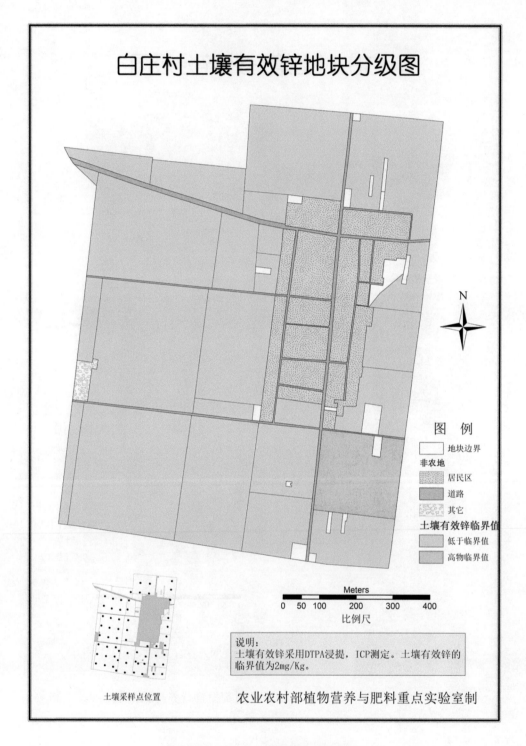

图 8-23　白庄村土壤有效锌地块分级

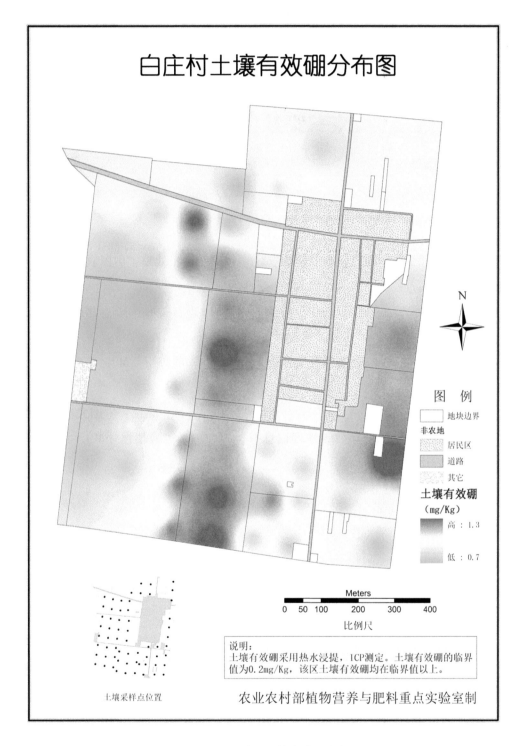

图 8-24 白庄村土壤有效硼分布

主要参考资料

白由路，等. 2015. 地理信息系统数据分析技术 [M]. 北京：中国农业科学技术出版社.

白由路，杨俐苹，金继运. 2007. 测土配方施肥原理与技术 [M]. 北京：中国农业出版社.

白由路. 2009. 地理信息系统及其在土壤养分管理中的应用 [M]. 北京：中国农业科学技术出版社.

金继运，白由路. 2001. 精准农业与土壤养分管理 [M] 北京：中国大地出版社.

汤国安，杨昕. 2010. ArcGIS 地理信息系统空间分析实验教程 [M]. 北京：科学出版社.

大疆无人机使用说明书.

大疆智图软件使作说明书.